Vérité ou mensonge

Patrick Clervoy

Vérité ou mensonge

Odile
Jacob

15, rue Soufflot, 75005 Paris

www.odilejacob.fr

ISBN : 978-2-7381-5255-8

Introduction

Mensonge et vérité sont deux notions intriquées. Les facteurs qui permettent de distinguer l'un de l'autre sont subjectifs. Il n'y a pas de faits, il n'y a que des interprétations. Nietzsche déclarait que la vérité est un mensonge coagulé ; Byron, que le mensonge n'est rien d'autre que la vérité travestie. Pour l'un comme pour l'autre, il n'y a pas de vérité qui ne contienne le levain d'un mensonge et réciproquement.

Dans les échanges qui lient les membres d'une société, les allers-retours entre la vérité et le mensonge jouent un rôle essentiel. Ces oscillations réalisent un mouvement subtil qui apaise notre existence. Plus les relations sociales sont élaborées, plus ces oscillations entre mensonge et vérité perdent en visibilité. Le mensonge fait partie des choses que nous ne voyons plus ou que nous affectons de ne pas voir.

Comment distinguer alors la vérité du mensonge, comment s'extraire du mensonge et des fausses informations ?

Lorsqu'on s'intéresse aux comportements d'un groupe, on observe un décalage étonnant entre le désir de vérité et les comportements mis en œuvre pour la refuser. Pourquoi des personnes préfèrent-elles croire et répéter un mensonge ?

Pourquoi, face à des énormités, alors que les évidences sont sous leurs yeux, restent-elles si complaisantes vis-à-vis des menteurs ? Pourquoi déploient-elles tant d'efforts pour faire comme si c'était vrai et perpétuer ces mensonges ?

C'est ce phénomène d'adhésion collective au mensonge que nous allons nous attacher à observer dans les pages qui suivent.

Quel est le tableau ? Au premier plan, on voit des menteurs qui redoublent d'énergie pour donner du crédit à leurs fables. C'est ce que l'on distingue le plus facilement. Mais, en arrière-plan, il y a une conjoncture plus difficile à mettre en évidence : la complaisance générale. Comme une docilité collective. Lorsqu'une personne ment, on pourrait imaginer que ceux qui peuvent faire connaître la vérité vont immédiatement faire barrage au mensonge. Ce n'est pas toujours le cas. Loin de là. Parfois leurs forces vont se conjuguer contre ceux qui sont prêts à révéler une vérité. Il s'avère qu'un menteur au long cours n'est jamais seul dans son entreprise. Plusieurs facteurs le confortent et le plus inattendu vient de ceux qui le croient. Les crédules ont une part de responsabilité dans le désordre que le menteur installe dans un groupe. Ils le poussent à s'installer et à rester dans son mensonge.

Ce problème est d'autant plus délicat à aborder que la confusion règne. On oppose la vérité au mensonge. C'est une simplification souvent trompeuse, source de confusion. On vit avec le confort de penser qu'il suffit d'affirmer qu'une chose est vraie pour qu'elle devienne une vérité, ou inversement de juger qu'une déclaration est un mensonge pour la négliger. La réalité est beaucoup plus complexe.

Le mensonge est surabondant, et la vérité, bien plus pauvre que ce qu'elle garantit d'apporter.

Mentir ne procède pas systématiquement d'une intention de nuire ou de tromper. Le mensonge peut, dans une certaine mesure, avoir pour fonction de réconcilier. Toutefois, il convient de ne pas se laisser endormir.

Déceler un mensonge, comprendre son rôle dans une société nécessite un effort. Il faut regarder, analyser et en même temps douter de ce que nous comprenons. Ce n'est pas un exercice facile. Le mensonge peut rassurer autant que la vérité peut déranger. Comme nous le verrons dans ce livre, c'est quelquefois amusant, parfois beaucoup plus inquiétant. Jusqu'à une certaine limite, le mensonge apaise les tensions au sein d'un groupe. Au-delà, le mouvement s'inverse et les tensions s'amplifient. Les partisans de la vérité sont brimés, les lanceurs d'alerte, contraints de fuir ou bien condamnés. Le mensonge devient dominant. C'est la mécanique de cette puissante emprise sur un groupe social que nous proposons d'examiner.

PARTIE I

La comédie humaine

CHAPITRE 1

On préfère les mensonges et on aime les menteurs

« C'était très bon ! » Voilà ce qu'une bonne éducation nous apprend à répondre à la personne qui nous a invité, même si le plat n'était pas à notre goût. Il faut savoir mentir pour ne pas déplaire, pour ne pas blesser. Le mensonge est alors une faculté qui nous permet de vivre tranquille. Mais c'est aussi un vilain défaut qui peut nous exposer à de graves ennuis. L'objectif de ce livre est de nous emmener un peu plus loin. Changeons de perspective. Faisons un pas de côté pour éviter la posture de jugement moral qui n'incite qu'à chercher quand c'est bien et quand c'est mal. Au-delà, la mécanique du mensonge nous apprend des choses cachées sur nous-même. Elle nous révèle par quels contours subtils nous parvenons à vivre les uns avec les autres.

Impunité

Différentes histoires vont nous permettre d'explorer cette mécanique. Voici celle d'un jeune homme plutôt beau gosse qui s'affichait régulièrement lors de grandes cérémonies militaires. Il était vêtu d'un uniforme d'officier de l'armée de l'air qu'il portait avec élégance. Sur sa veste il avait agrafé plusieurs médailles, dont la croix du combattant, qui témoignait de son engagement sur des théâtres d'opérations. Il portait l'insigne de chuteur opérationnel, la plus haute qualification des commandos. Il était sérieux et souriant. Les médias l'ont montré à plusieurs reprises aux côtés de la ministre de la Défense lorsqu'elle déposait une gerbe sous l'Arc de triomphe ou lors d'un cocktail dans les jardins du ministère.

Tout était faux. Il n'avait jamais été militaire. Son grade, ses décorations, ses insignes étaient usurpés. Il put parader plusieurs années avant d'être démasqué. Il attirait les regards. Il plaisait à la ministre et il plaisait aux médias. Il fallut du temps avant qu'un militaire agacé par son succès se mît à vérifier le pedigree du beau commando pour facilement constater que tout était faux.

Jusque-là l'affaire était encore banale. Ce qui est intéressant, c'est l'absence de réaction de la ministre après qu'elle eut pris connaissance de cette supercherie. Son cabinet refusa toute poursuite contre l'escroc, malgré le flagrant délit. « Port illégal d'uniforme », « usurpation de grade et de décorations », « outrage fait à un ministre » : le menteur était passible de plusieurs mois d'emprisonnement et d'une lourde amende. Il n'en fut rien. Pas davantage de réaction de la part de l'institution militaire. L'état-major resta silencieux. Nul ne porta plainte. Cela sembla arranger tout le monde de faire comme si la supercherie n'avait jamais eu lieu. Ceux à qui on avait menti acceptèrent d'avoir été dupés. Ils préférèrent taire les faits plutôt que de les dénoncer.

D'où cette observation : on n'aime pas que les gens nous mentent, mais on n'aime encore moins reconnaître qu'on a été naïf au point d'avoir cru à un aussi gros mensonge. Alors on lisse l'irrégularité pour la faire disparaître de l'univers social. On escamote le problème, avec le risque de laisser la porte ouverte à la possibilité que quelqu'un d'autre nous mente de la même manière.

Nous pouvons aussi faire une observation corollaire : celui qui dénonce le mensonge d'un autre s'expose au risque qu'en retour on s'intéresse aux siens. D'où la recommandation de ne pas s'exciter face à un mensonge.

On préfère les menteurs

Autre histoire, celle de Jacques Mellick, maire de Béthune. Il tint un rôle épique dans l'affaire OM-Valenciennes qui entraîna la chute de Bernard Tapie. En 1993, pour sortir son ami de l'impasse, il lui avait fourni un faux alibi, affirmant que tel jour à telle heure il était dans son bureau. Ce faux alibi était suffisamment maladroit pour être démoli pièce par pièce par les journalistes enquêteurs. Tour à tour, chacun avançait un argument nouveau pour invalider celui de son adversaire. Jacques Mellick avait persévéré en empilant mensonge sur mensonge. Ce feuilleton qui régala les Français tout un été aurait paru bien ennuyeux sans ces péripéties. À la fin du combat, Jacques Mellick tomba. Trois ans plus tard, lors du procès qui suivit, il fut condamné à une lourde sanction : cinq ans d'inéligibilité. En 2002, sa peine purgée, l'élu déchu se représenta aux élections municipales suivantes et fut élu à la majorité absolue dès le premier tour. Les électeurs de sa commune le choisirent au détriment de candidats sans casier judiciaire et avec un programme identique.

D'où cette observation : on fait davantage confiance à un menteur démasqué et relevé de ses fautes plutôt qu'à une personne *a priori* intègre sur le plan moral. Un menteur est paré de vertus qui séduisent. On croit mieux le connaître. D'où ce paradoxe : on place plus facilement sa confiance en celui qui a été reconnu comme un menteur.

La fin tragique des imposteurs

Une autre histoire fortement médiatisée fut celle du faux médecin Jean-Claude Romand. Confronté à un échec qu'il ne pouvait accepter, cet homme encore étudiant en médecine mentit une première fois en affirmant qu'il avait réussi ses examens. Il ne put jamais revenir en arrière. Pendant près de vingt ans, il fabriqua chaque jour des mensonges pour couvrir ceux de la veille. Il se maria, fonda une famille et construisit une vie sociale. Les détails de cette histoire montrent qu'il n'aurait jamais pu mentir aussi longtemps sans l'absence de réaction de son entourage aux incongruités qu'il était condamné à fabriquer sans cesse, au prix d'un effort inouï d'imagination et de persuasion. Les témoignages recueillis après l'effondrement de cette supercherie ont montré que le faux médecin avait cherché une porte de sortie. « Et si tout était faux ? » avait-il, à quelques reprises, lancé à son entourage. Mais cette phrase agaça ses interlocuteurs qui lui opposèrent que sa plaisanterie était mauvaise. Passé un cap, il ne la répéta plus. Lorsque son système s'effondra, il avait 39 ans. Il mit en scène son suicide après avoir tué six membres de sa famille. Un doute subsiste encore sur sa responsabilité dans la mort d'une septième victime.

D'où ces deux observations : un menteur peut être la première victime de son mensonge lorsque son entourage le prive de la capacité à en sortir ; et la chute d'un menteur est un drame qui peut être funeste à lui-même comme à ceux qui l'ont cru.

Vérité et faits alternatifs

En 2017, défiant les pronostics, Donald Trump fut élu quarante-cinquième président des États-Unis. En 2015, PolitiFact, un site Internet rigoureux qui surveille la véracité des déclarations des hommes politiques américains, avait honoré Donald Trump du titre de « menteur de l'année ». Cela ne lui porta pas préjudice. Durant la campagne présidentielle, il renforça la caricature du personnage médiatique qu'il était déjà. Il ne modéra ni ses outrances ni les assertions mensongères concernant ses opposants, la malignité de la presse, l'état de son pays et les relations avec les puissances étrangères. Il prouva chaque jour qu'il mentait mieux et plus fort que n'importe quel autre candidat. Pourtant, il plut suffisamment à une majorité relative pour conquérir ce poste. Le jour de son investiture, un fait l'exposa à une vexation : la foule n'était pas au rendez-vous.

Malgré l'évidence, Donald Trump fanfaronna et, d'un bref message sur les réseaux sociaux, il écrivit que depuis la naissance des États-Unis jamais une telle foule ne s'était rassemblée pour célébrer son nouveau président. Les journalistes comparèrent les photos aériennes de son investiture à celles de son prédécesseur Barack Obama. Des experts avancèrent que la foule assistant à l'investiture du nouveau président était inférieure d'au moins un tiers à celle rassemblée au même endroit huit ans plus tôt. La première photo aérienne montrait une place noire de monde, la seconde, de larges espaces vides et blancs. Contre l'évidence, Sean Spicer, le directeur de la communication de la Maison Blanche, reprit le message de Donald Trump et déclara sèchement que la foule qui avait acclamé le nouveau président était « la plus importante ayant jamais assisté à une inauguration, ici et dans le monde, point barre ». Son argument était le suivant : la photo était mauvaise et les espaces clairs qui paraissaient vides étaient en fait emplis de gens vêtus de blanc. Comme la presse renchérissait en dénonçant ce grossier mensonge, la conseillère du président, Kellyanne Conway, inventa la formule suivante : Sean Spicer avait présenté des « faits alternatifs ». Dans le monde de Donald Trump, il n'y a pas des vérités opposables à des mensonges, il y a des vérités pour les uns et des vérités pour les autres. À chacun de choisir celle qu'il préfère croire. L'équipe de communication ajouta qu'on offensait le président chaque fois qu'on opposait une vérité à la sienne. La conclusion du porte-parole fut claire et péremptoire. Il annonçait la méthode politique à venir : la vérité est ce que le président déclare vrai et le mensonge est ce qu'il déclare faux. Puis vint l'avertissement : la presse serait tenue responsable si elle écrivait autre chose.

L'affaire n'eut pas de suite. Les journalistes comprirent qu'il n'y avait rien à gagner à insister. D'où cette observation : pour maintenir des tensions à un niveau minimal, on peut renoncer à soutenir une vérité qui dérange. Sans que l'on puisse encore dire si c'est de la sagesse ou de la lâcheté, on constate que, dans certaines situations, abdiquer devant un mensonge apaise une crise alors que le combat pour la vérité peut générer une situation sociale de menace et d'insécurité…

Le mur des secrets

Il y eut l'affaire Cahuzac, l'histoire d'un homme qui fraudait le fisc. Devenu ministre du Budget, il s'afficha dans un engagement actif contre la fraude fiscale. Nul hasard dans cette destinée. Il existe un lien entre son comportement et sa détermination à démasquer les fraudeurs. Un fraudeur n'est jamais aussi bien caché que lorsqu'il affiche son intransigeance quant à la probité des autres. On peut même supposer que, par sa connaissance intime des procédures de fraude, il était plus habile que d'autres à mener ce combat.

À l'Assemblée nationale, Jérôme Cahuzac mentit à ses homologues du gouvernement et aux députés en déclarant solennellement qu'il n'avait pas et n'avait « jamais eu de compte caché » dans une banque suisse. Ses collègues le crurent et par loyauté firent front pour le soutenir. L'intensité du mensonge lui permit pour un temps d'obtenir de son groupe une cohésion renforcée autour de lui. Jérôme Cahuzac mentit aussi aux journalistes. Invité sur plusieurs plateaux de télévision, il répéta devant les téléspectateurs français, « les yeux dans les yeux », la même déclaration. Sa stratégie paraissait solide, mais elle s'effondra devant les faisceaux de preuves que les journalistes avaient accumulés.

Quelques mois plus tard, des parlementaires réunis en commission auditionnèrent le ministre déchu afin de comprendre par quelles failles l'administration de l'État avait pu laisser s'installer une pareille situation à cet échelon du pouvoir. Pour ouvrir l'audition, le président de la commission lui demanda, selon la formule consacrée, de « jurer de dire la vérité, toute la vérité et rien que la vérité ». Il demanda au menteur de lever la main droite et de dire : « Je le jure », ce que Jérôme Cahuzac fit docilement. Personne ne réagit à ce paradoxe supplémentaire : on questionnait un menteur démasqué et on se contentait de lui demander de jurer de dire la vérité. Quiconque avait en mémoire ce que valaient ses précédentes déclarations sous serment savait que cette audition n'apporterait pas grand-chose à l'établissement de la vérité.

Le constat est qu'on ne peut pas empêcher une personne de continuer à mentir, quand bien même elle est avertie qu'on sait qu'elle ment. C'est un jeu de dupes qu'il faut savoir accepter. On montrera qu'il peut même s'avérer dangereux de s'obstiner à chercher les vérités au-delà du minimum nécessaire pour résoudre une crise. Dans l'affaire Cahuzac, cette limite laissa au menteur l'occasion de jouer son jeu en défense. Il se justifia et expliqua qu'il avait menti pour protéger ses amis politiques et sa famille. En cela, il répondit juste, mais cela ne fit pas la lumière sur toutes les zones d'ombre de son histoire. On sut qu'il avait fraudé le fisc en possédant un compte caché, mais on dut se résigner à ne rien connaître des fraudes dans d'autres domaines, notamment celui de ses relations financières avec les laboratoires pharmaceutiques.

Si l'affaire Cahuzac s'est arrêtée à la révélation des comptes suisses, c'est parce que chaque protagoniste s'était retranché derrière son secret. Le journal d'investigation qui avait révélé l'affaire se vantait de détenir des informations supplémentaires. On aurait pu pousser l'enquête un peu plus loin avec ces éléments, mais les journalistes opposèrent le secret de leurs sources. Ces informations ne pouvant être vérifiées restèrent sans valeur judiciaire. Les magistrats instructeurs ne communiquèrent rien au nom du secret de l'instruction. De leur côté, les banques suisses se réfugièrent derrière le secret bancaire pour ne pas donner plus d'information que le peu qu'elles avaient déjà lâché.

Bref, malgré ce qui restait de ces mensonges, mais protégé par cette muraille de secrets, chacun des protagonistes reprit sa marche et le monde continua sa course ordinaire. Ainsi observe-t-on que le mensonge est consubstantiel au secret. Peut-être faut-il considérer que le monde tourne mieux avec le mensonge et le secret que sans l'un ni l'autre ? Mais c'est un jeu d'équilibre périlleux. Lorsqu'il est lancé, le mensonge peut envahir la réalité comme un cancer.

CHAPITRE 2

Les atouts néfastes du mensonge

En 2011, alors qu'il projetait d'être candidat à l'élection présidentielle américaine de 2012, Donald Trump prit pour cible Barack Obama. Faute de pouvoir le combattre sur le terrain des idées, Donald Trump s'engagea avec une stratégie décalée : mettre en défaut l'acte de naissance de son adversaire. L'efficacité de sa communication tint à la nature de son instrument favori, le tweet. Plus le message est court, plus il est susceptible d'être crédible. C'est le principe du slogan. Une fois que le message a pénétré l'esprit des gens, il s'y incruste. Donald Trump émit un premier tweet le 7 août :

> Une source « extrêmement crédible » a appelé mon bureau et m'a dit que le certificat de naissance de Barack Obama était un faux.

Ce tweet a une structure parfaite. L'analyse permet de comprendre son efficacité :

- « *Une source...* ». L'attribution à un autre lui permet de ne pas engager directement sa crédibilité. Trump se présente comme quelqu'un qui répète mais ne produit pas l'information.

Un mensonge gagne en crédibilité dès lors qu'il est répété par un tiers. L'art du menteur est de faire dire son mensonge par un autre. Plus le mensonge sera répété d'une personne à une autre, plus il aura un effet puissant sur la réalité.

• *« … extrêmement crédible… »*. Donald Trump n'affirme pas. Avec cette posture prudente, il esquive la suspicion de celui qui le lit. Il l'invite à le suivre et à faire confiance à cette source.

• *« … a appelé mon bureau… »*. C'est un énoncé d'une grande banalité. Parce qu'elle est sans importance, cette information endort la méfiance et prépare le mensonge qui suit.

• *« … le certificat de naissance était un faux »*. C'est le cœur du message. Une phrase courte qui claque. C'est le slogan à retenir. Il va s'inscrire dans la conscience de chaque électeur et revenir en mode subliminal pendant toute la campagne.

Le mensonge ne nécessite aucun effort

Le piège est redoutable. Autant il faut peu de mots pour dire que quelque chose est faux, autant un long discours est insuffisant pour faire accepter qu'une chose soit vraie. Placé dans cette situation, l'adversaire est bloqué. Si Barack Obama s'avisait de se défendre sur ce terrain, son effort serait contre-productif. Plus il essaierait de faire valoir la vérité, plus il offrirait de l'espace à son adversaire pour l'attaquer davantage. Dans ce duel de communication, le menteur garde l'initiative et celui qui est mis en cause est contraint au silence. La suspicion écrase la réalité. Le mensonge efface la vérité. Barack Obama ne peut rien dire d'autre à part que son certificat de naissance est vrai. Mais, à devoir se répéter sur ce sujet, il érode sa crédibilité. Donc il se tait et Donald Trump peut continuer tout à son aise des attaques sur le même terrain. Ce qu'il s'est empressé de faire avec des dizaines de tweets sur ce sujet durant toute la campagne. La malice et l'efficacité sont du côté du menteur. Passé la première étape, il n'a même plus à répéter son mensonge. Il lui suffit de le suggérer. Ce qu'il fait dans des énoncés allusifs, comme dans ce tweet du 12 décembre 2013 :

> Comme c'est surprenant, le directeur de la Santé publique qui vérifiait les extraits du « certificat de naissance » d'Obama est mort dans un accident d'avion aujourd'hui, tous les autres ont survécu.

Le menteur n'a plus à se préoccuper du crédit apporté à l'information qu'il donne. C'est le fonctionnement de base de la théorie du complot. Celui qui veut alimenter le mensonge n'a aucun effort à faire pour l'alimenter. Tout converge pour donner du crédit au complot. Par contre il faut une énergie considérable et souvent stérile pour le désamorcer. Ce tweet met aussi en valeur une performance propre à ce candidat devenu président des États-Unis. Il ose l'outrage. Il a une audace incroyable. Sur le plan symbolique, son astuce est imparable. Attaquer le certificat de naissance de l'adversaire, c'est contester son origine, son point de départ dans l'existence. En déclarant que ce certificat est faux, Trump laisse penser que, si ce premier document est faux, alors tout est faux chez son adversaire.

Le mensonge produit un puissant effet de colle

À bien y regarder, ce tweet sur l'acte de naissance de Barack Obama était des plus improbables. D'où son efficacité. L'atout de Donald Trump en campagne électorale aura été sa capacité à surprendre, à décaler le débat et à l'amener dans un espace où il est supérieur à ses concurrents. Cette mise en cause de l'acte de naissance de son adversaire n'avait rien à faire dans le débat politique. Il était incongru de l'y introduire. Donald Trump a eu l'audace de le faire et cela lui a rapporté d'être identifié comme celui qui pouvait, en clamant des faussetés sur un sujet grossier, réduire la portée des arguments politiques de son adversaire. Il déplaçait le combat sur un champ qu'il maîtrisait mieux, celui de la communication instantanée.

Jusque-là, son tweet reste dans le registre de la joute verbale. Cela n'aurait pas eu plus de portée sans un phénomène collectif en réponse : l'effet de colle. En réponse au mensonge, des personnes se sont réjouies en masse. Son mensonge plaisait. Il était bien dit et il était efficace. Si l'allégation de Donald Trump sur la validité du certificat de naissance de son adversaire a pris une dimension considérable, c'est parce que cet argument correspondait à ce que les sympathisants républicains voulaient entendre. Le mensonge a le même effet que de la glu. Aussitôt qu'il est formulé, il colle au sujet. On ne peut plus s'en défaire. Le mensonge est là et pour longtemps.

Plus un mensonge est grossier, plus il est puissant

Le site Internet PolitiFact a pour objet la vérification des déclarations des personnalités politiques américaines. En 2009, ce site a été récompensé par le prix Pulitzer pour l'excellence de son travail. Si prestigieux soit-il, ce prix ne nous exonère pas de notre exigence de douter. Si PolitiFact avait écrit des mensonges flagrants sur Donald Trump, nul doute que celui-ci aurait lancé contre eux son armée d'avocats. S'il ne l'a pas fait, c'est que ce site donne des indications vraisemblables. Les résultats sont effarants. Sur 633 déclarations examinées, 16 % étaient en grande partie vraies, 36 % étaient partiellement fausses et 48 %, totalement fausses. Les déclarations de Donald Trump sont mensongères une fois sur deux.

Pour comparer ce qui est comparable, observons les résultats pour Barack Obama. Sur la même période, PolitiFact a examiné 599 déclarations : 49 % étaient majoritairement vraies, 24 % étaient partiellement fausses et 14 %, totalement fausses. Les résultats entre ces deux candidats sont en opposition symétrique. Toutefois, cela n'a pas empêché plus tard que l'un succède à l'autre au poste de président des États-Unis d'Amérique lors des élections de 2016 contre Hillary Clinton.

PolitiFact identifie une forme particulière de mensonge qu'il nomme *pants on fire*, difficilement traduisible. C'est tiré d'une expression populaire. Lorsqu'un enfant détecte un mensonge chez un autre enfant, il crie *Liar ! Liar ! Pants on fire ! :* « Menteur, menteur, ton pantalon brûle ! » Le site classe certains mensonges dans cette catégorie des fables abracadabrantesques, c'est-à-dire des histoires énormes, proprement incroyables. Barack Obama a émis ce type de mensonge à neuf reprises, soit 2 % de la totalité de ses propos. Donald Trump, à quatre-vingt-douze reprises, soit 15 % de ses assertions. Il y a sur ce point une rupture de symétrie. C'est la démonstration que sur le plan politique un mensonge grossier peut être plus efficace qu'une menue tromperie, même à long terme.

Conjuguer un mensonge avec la vérité

La comparaison par PolitiFact des déclarations de Donald Trump et de Barack Obama montrait deux courbes en opposition symétrique. Comment une personne qui écoute deux voix qui s'opposent peut-elle se faire une idée approximative du vrai entre deux énoncés qui sont exactement à l'inverse l'un de l'autre ? Grâce à un raisonnement logique, on peut utiliser ce rapport de symétrie pour rétablir la réalité des faits. Lorsque deux personnes s'opposent, la réunion des deux énoncés est obligatoirement un mensonge. C'est démontré par l'exercice logique suivant. Un prisonnier est placé devant deux portes ; l'une conduit vers la liberté et l'autre vers la mort. Aucune indication ne permet au prisonnier de pouvoir identifier à quelle issue correspond chaque porte. Devant chacune d'entre elles se tient un garde : l'un dit toujours la vérité et l'autre, toujours un mensonge. Là encore, aucune indication ne permet au prisonnier de distinguer celui des gardes qui dit la vérité. Le prisonnier a le droit de poser une question et une seule à l'un des gardes qui est obligé de lui répondre. Comment le prisonnier peut-il sans erreur choisir la bonne porte ? Il doit concevoir une question de façon à annuler la double incertitude à laquelle il est exposé. Il peut y parvenir s'il annule l'effet de vérité et l'effet du mensonge en les conjuguant. Il va demander à l'un des gardiens la réponse que lui ferait l'autre gardien : « Quelle porte m'indiquerait l'autre gardien si je lui demandais de m'indiquer laquelle mène vers la liberté ? »

Quel que soit le gardien, celui-ci indiquera une réponse fausse. Si le gardien interrogé est celui qui dit la vérité, il répétera sans le modifier le mensonge de celui qui ment. Si le gardien interrogé est celui qui ment, il inversera la réponse de celui qui dit la vérité. Conclusion, ce sera toujours la mauvaise porte qui sera désignée, quelle que soit la bouche qui énonce la réponse.

En logique pure, ce raisonnement montre que le mensonge est toujours plus fort que la vérité puisque la conjugaison des deux énoncés produit toujours un mensonge. C'est ce qui donne de la force autant à la vantardise qu'à la calomnie. Vantez-vous, calomniez, il y aura toujours un bénéfice. Si une personne dit du mal d'une autre, ses démentis donneront toujours de la vigueur à la première.

La leçon de Beaumarchais

Donald Trump a appliqué une vieille leçon que Beaumarchais avait placée dans la bouche d'un personnage du *Barbier de Séville* : le maître de musique. Voici ce qu'il enseignait au chef de la maison : « La calomnie, monsieur ! Vous ne savez guère ce que vous dédaignez ; j'ai vu les plus honnêtes gens près d'en être accablés. » Et le maître de musique explique qu'avec un peu d'habileté « il n'y a pas de plate méchanceté, pas d'horreurs, pas de conte absurde, qu'on ne fasse adopter aux oisifs d'une grande ville en s'y prenant bien : et nous avons ici des gens d'une adresse !... D'abord un bruit léger, rasant le sol comme hirondelle avant l'orage, *pianissimo* murmure et file et sème en courant le mot empoisonné : telle bouche le recueille, et *piano, piano* vous le glisse en l'oreille adroitement. Le mal est fait, il germe, il rampe, il chemine, et *rinforzando* de bouche en bouche, il va le diable ; puis tout à coup, ne sait comment, vous voyez calomnie se dresser, siffler, s'enfler, grandir à vue d'œil. Elle s'élance, étend son vol, tourbillonne, enveloppe, arrache, entraîne, éclate et tonne, et devient, grâce au ciel, un cri général, un *crescendo* public, un *chorus* universel de haine et de proscription. Qui diable y résisterait* ? ».

Le problème majeur du mensonge est là. Parvenu à maturité, il s'amplifie, il prend la forme de la rumeur et personne ne peut arrêter sa propagation. Le temps de rétablir la vérité, le mensonge a déjà envahi tout l'espace public.

---

* *Le Barbier de Séville,* acte 2, scène 8.

CHAPITRE 3

Qui parle d'imposture ?

Mon intérêt pour le mensonge est venu d'une répétition de situations délicates que j'ai eu à gérer en tant que psychiatre. Elles m'ont permis de comprendre le fonctionnement des gens et leur adaptation à l'environnement. Cet intérêt est aussi venu d'expériences personnelles auxquelles je n'étais pas préparé et qui m'ont interpellé. Le mensonge peut prendre une forme jubilatoire. Un canular bien monté ou une bonne farce font rire. Mais, au-delà d'une limite que nous ne savons pas discerner, le mensonge n'est plus joyeux. Il devient une souffrance soit pour le menteur, soit pour son entourage.

J'adorais les canulars, surtout quand ils étaient réussis. Mais une mésaventure mit fin à mon enthousiasme à faire des blagues. Enfant, j'étais passionné d'archéologie. Je grattais la terre pour trouver des silex taillés. J'avais lu plusieurs histoires d'impostures archéologiques. Elles me faisaient rire. Au XVIIe siècle, on avait présenté au jeune roi Louis XIII des dents et des vertèbres fossiles en lui faisant croire à l'existence d'une race ancienne de géants de 8 mètres de haut. Un chirurgien affirmait que ces ossements avaient été découverts dans une tombe portant une inscription en latin authentifiant qu'il s'agissait du roi des géants *Theutoboccus Rex*. Il fallut plusieurs années avant que la supercherie ne fût révélée. On identifia les fossiles comme les vestiges d'un mastodonte, animal préhistorique réel. La tombe n'avait jamais existé et des pièces de monnaie romaines avaient été ajoutées pour donner du crédit à cette mystification.

L'ancêtre imposteur

La plus grande supercherie paléontologique dévoilée est celle de l'homme de Piltdown. Au début du XXe siècle, dans une gravière fossilifère anglaise datant de cinq cent mille ans furent découverts, à côté de dents d'éléphant et d'hippopotame, un fragment de crâne et un fragment de mandibule. Le crâne avait des caractéristiques humaines et la mandibule s'apparentait à celle des singes. Un demi-siècle plus tôt, Charles Darwin avait émis l'hypothèse que l'homme et le singe pouvaient avoir un ancêtre commun, le fameux « chaînon manquant », que personne n'avait encore identifié. La découverte de l'homme de Piltdown venait à point pour valider la théorie de l'évolution naturelle. On l'appela *Eoanthropus dawsoni,* « homme de l'aube ». Cette découverte apporta des bénéfices à tous ceux qui y avaient contribué : la célébrité pour celui qui l'avait faite, Charles Dawson, paléontologue amateur qui lui donna son nom, et la notoriété scientifique pour ceux qui l'avaient mise en valeur, la Société anglaise de géologie et son président Arthur Woodward. Enfin, les Anglais tirèrent une immense fierté de penser que l'ancêtre de l'humanité était britannique. Pendant plus de cinquante ans, cette découverte fit rayonner de gloire les scientifiques qui la soutenaient contre le scepticisme de leurs collègues américains et français soupçonnés d'être jaloux. La supercherie fut démasquée après la mise au point de la méthode de datation au fluor et au carbone 14. Les sceptiques eurent raison du canular. Le crâne datait du Moyen Âge et la mandibule était contemporaine. Les deux fragments avaient été artificiellement oxydés au bichromate pour imiter le vieillissement des fossiles alentour, et les dents, limées pour imiter la denture humaine. Rétrospectivement, il faut reconnaître que le faussaire avait été d'une grande habileté et qu'il était très informé des développements de la paléontologie pour avoir élaboré des pièces qui trompèrent aussi longtemps les plus hautes autorités scientifiques. Ce faussaire, identifié comme étant probablement Charles Dawson, était au moins au même niveau que les membres de la Société anglaise de géologie.

Sauf à se prendre les pieds dans sa mystification, un faussaire gagne en prestige ce que perdent les personnes bernées.

« *Poisson d'avril* »

Les canulars ne sont pas faits dans l'intention de duper autant de monde aussi longtemps. Au départ, ils sont imaginés pour distraire quelques personnes pendant une heure ou deux. Au collège, ma professeure d'histoire nous avait raconté comment elle s'était amusée quelques années plus tôt, lorsqu'elle était étudiante, à piéger son professeur. Sachant que l'enseignant allait amener ses étudiants sur un site géologique particulier, elle s'y était rendue le week-end précédent pour y transférer des minéraux qu'elle avait prélevés à 50 kilomètres de là. Lorsque les élèves furent sur le site, elle attendit que l'un d'entre eux trouvât le fossile, puis elle prit la posture du naïf qui demandait au professeur d'expliquer la présence de ces fossiles dans une couche géologique où manifestement il ne devait pas y en avoir. L'embarras du maître amusa beaucoup ses élèves.

Un canular permet à une personne de montrer qu'elle est plus maligne que les autres. Mais il peut devenir un piège qui se referme sur celui qui le met en place. J'en fis l'expérience cuisante. J'étais interne dans un service de psychiatrie lorsque, le 1er avril de cette année, j'étais en quête d'une idée pour préparer la blague traditionnelle. J'étais arrivé le premier tôt le matin et m'étais installé dans mon bureau pour y travailler. L'inspiration me vint lorsque j'entendis Lucette, la secrétaire, arriver dans le sien. Cela faisait plusieurs semaines que l'équipe de l'hôpital de jour préparait un voyage thérapeutique pour les patients. C'est à ce sujet que me vint l'idée du « poisson d'avril ». Je pris le téléphone pour l'appeler, imitais la voix d'un homme alcoolisé et me fis passer pour un agent municipal qui l'informait que le centre qui devait accueillir les patients avait brûlé dans la nuit. Elle manifesta sa surprise, me posa des questions, je bredouillai deux ou trois réponses puis je raccrochai en prétextant qu'il restait des braises à éteindre. À la réunion qui ouvrait la journée de travail, je fus très amusé d'entendre la secrétaire raconter avec la plus grande importance le récit que je venais de lui faire auquel elle ajoutait ses propres précisions. Je signalai faiblement que nous étions le 1er avril. On me répondit que l'information rapportée par Lucette était sérieuse. Alors, ce fut mon erreur, la curiosité me poussa à prolonger le canular tant était grande la crédulité du groupe.

Pris au piège de mon mensonge

Durant toute la matinée, de réunion en discussion, l'information prit une ampleur considérable. Je tentai de réintroduire le doute en rappelant que nous étions le 1er avril. On me regarda avec agacement en me disant que je n'étais pas drôle. Le chef de service avait été informé et semblait maintenant contrarié de ce contretemps qui pénalisait ses patients. J'étais dans une situation paradoxale : mon malaise allait grandissant, mais pas pour les mêmes raisons que les autres. Je savais qu'ils étaient contrariés par une information que moi seul savais fausse. Je n'arrivais pas à désamorcer une situation qui s'alourdissait au fur et à mesure que le temps passait. Une nouvelle réunion suivit le repas de midi. Chaque membre de l'équipe y allait de ses propositions. Je voyais qu'ils s'épuisaient à trouver des solutions à un problème qui n'existait pas. Je renouvelai mon avis à prendre l'information avec prudence. On me répéta encore plus fort que c'était sérieux. Je mobilisai alors le peu de courage que j'avais pour dire : « C'est un poisson d'avril. C'est moi qui ai piégé Lucette. » La première réaction fut l'incrédulité. Mes collègues préféraient continuer à croire quelque chose de faux qu'ils tenaient pour certain, plutôt que de me croire et d'y renoncer. On peut les comprendre. Si j'avais été aussi malicieux à raconter une telle histoire, je pouvais être aussi peu sérieux à essayer de la désamorcer. Nous étions tous dans l'embarras et le piège s'était refermé sur moi.

Nous eûmes l'occasion de nous revoir vingt ans plus tard. Ils me confièrent qu'ils n'avaient rien oublié de cette histoire. Ils s'étaient bien amusés du tracas que j'en avais gardé.

La règle, c'est qu'il ne faut pas monter un canular sans préparer dès le départ un dispositif de désamorçage.

Tout flatteur vit aux dépens de celui qui l'écoute...

J'ai aussi été piégé par des imposteurs. Je suis lucide, nombreuses sont les circonstances lors desquelles j'ai été dupé sans l'avoir réalisé. J'ai identifié une situation qui représente le paradigme d'une imposture. Pendant plusieurs jours, un homme s'était montré plus malin que moi. Tout ce qui me donnait une valeur professionnelle préparait ma vulnérabilité. Je venais d'être nommé chef de service dans un hôpital tout neuf. La réussite au concours d'agrégation m'avait apporté les lauriers universitaires. J'avais coordonné un dossier sur les traumatismes psychiques qui venait d'être publié dans une grande revue médicale et je m'apprêtais à recevoir le directeur du service de santé des armées. J'étais dans cette posture confortable lorsqu'un confrère me demanda de recevoir en urgence un vétéran de la guerre d'Indochine qui souffrait d'une névrose traumatique. L'homme était dans un profond désarroi. Il me confia qu'il faisait des cauchemars épouvantables au cours desquels il revivait des scènes de combat qu'il avait vécues cinquante ans plus tôt en Extrême-Orient. Il m'expliqua que tant qu'il vivait seul il s'en était accommodé, mais il venait de se marier. La nuit précédant son hospitalisation, en plein cauchemar, il avait agressé sa femme et tenté de l'étrangler. Il me supplia de l'aider à sauver son couple, en déclarant que c'était le seul bonheur véritable qu'il ait connu depuis bien longtemps. Je reçus son épouse. « Oh !, me dit-elle, je l'aime tellement. Je l'admire.

J'ai toujours admiré les anciens combattants. Savez-vous qu'il a la Légion d'honneur ! » Comme je venais de recevoir cette décoration, mon attention pour ce malheureux fut tout de suite acquise. Les jours suivants, lors d'un entretien, il me révéla qu'il avait eu la charge prestigieuse d'avoir été à Baden-Baden le porte-serviette du général Massu. Cela aurait pu me mettre la puce à l'oreille. Mais comme il me fit cette confidence avec modestie, ma méfiance resta endormie. Son récit flattait ma curiosité. Peut-être pouvait-il me faire des révélations sur le mystérieux voyage du général de Gaulle en mai 1968. Tous les jours, je recevais ce patient pour écouter le récit de son existence tumultueuse. Je tentais d'apaiser ses angoisses. Il me racontait chaque fois un peu plus de sa vie : ses échecs, les longs épisodes dépressifs, les hospitalisations en maison de repos. C'est ainsi que j'appris qu'il avait rencontré son épouse quelques mois plus tôt lors d'un séjour dans une clinique du département voisin. Celle-ci me confirma cette information, ajoutant cette note marginale : on lui avait volé des chèques durant ce séjour… Entre-temps, je reçus la visite du directeur central, la plus haute autorité du service de santé des armées. Devant les patients présents, le directeur me manifesta son estime. Surgit devant lui mon patient qui se présenta avec un « garde-à-vous » impeccable et le salut militaire. Il lui raconta son malheur et répéta qu'il avait été le porte-serviette du général Massu. Le directeur central fut impressionné, lui rendit le salut et, me prenant par le bras, il déclara au patient qu'il était dans les meilleures mains pour se soigner. Tout le monde était comblé. Chacun était flatté selon sa place. La fierté était partagée par les autres patients du service ainsi que par l'équipe médicale. Quelques jours plus tard, le bonheur se fissura. L'épouse paniquée surgit dans les couloirs de l'hôpital. Les services de police venaient de l'informer qu'ils avaient retrouvé la trace d'un chèque volé. Il avait servi à acheter une médaille de la Légion d'honneur dans un magasin spécialisé. La décoration était fausse, comme toute l'histoire de ce monsieur. Il n'eut aucune explication à donner. Le temps de vérifier ces informations, il s'était déjà volatilisé, laissant une chambre vide.

L'art du parfait caméléon

Durant son séjour, ce patient avait imité les postures et les gestes d'un ancien combattant. Il avait su s'adresser à chacun avec les paroles adaptées et se montrer à l'aise devant tout le monde. On a appris ensuite qu'il était un habitué des maisons de repos. Il y avait rencontré une femme crédule qui lui avait déclaré son admiration pour les anciens militaires et les médailles. Il avait trouvé comment vivre à ses crochets pendant plusieurs mois.

Il y a une leçon à tirer de cette histoire. Un vieil adage dit que l'habit ne fait pas le moine. On peut le corriger en disant que l'habit peut convaincre longtemps, aussi longtemps que l'entourage voudra y croire. Dès lors qu'un individu opportuniste pénètre dans un milieu institutionnel dans lequel les codes d'apparence sont ostentatoires – l'uniforme, les médailles, les gestes, le vocabulaire –, l'adoption de ces codes lui permet de « faire le moine » aussi longtemps que la supercherie peut durer.

Personne n'est à l'abri d'une mystification. La dimension énorme de la supercherie telle qu'elle apparaît après coup n'a pas été un frein à son développement. Tout le monde l'a accepté, du plus bas au plus haut de l'échelle institutionnelle.

L'effet de groupe a facilité le travail de l'imposteur. Plus les gogos étaient nombreux, plus les suivants ont été bernés facilement. Le mensonge est comme l'hydre de Lerne. Il se régénère au fur et à mesure. On ne peut pas en débarrasser le monde. On s'y épuiserait. Mais il est possible d'en observer les effets autour de soi et d'explorer son rôle dans la société.

CHAPITRE 4

Les fonctions sociales du mensonge

La nécessité du mensonge vient du fait que nous vivons en communauté. Un homme naufragé sur une île déserte n'est pas contraint de mentir, puisqu'il est le seul à entendre ses mensonges. Il ne peut intentionnellement se tromper lui-même sans savoir qu'il ment. La seule façon de se dégager des mensonges avec lesquels nous vivons en société serait de se retirer dans le désert pour méditer et d'accéder à l'évidence sereine de notre espace intérieur. Précisons qu'il n'y a pas de mensonge lorsque la personne ne sait pas qu'elle ne dit pas la vérité.

On peut considérer qu'il n'y a pas de vie sociale possible sans l'usage du mensonge. Cela s'explique : vivre en communauté met sous pression le groupe. Chacun des membres doit s'adapter par un effort psychique qui met en œuvre ses facultés de conscience.

La conscience est la capacité psychique à se représenter la réalité. Or la réalité ne se donne pas, c'est notre esprit qui la construit. La réalité est une élaboration, qui procède d'un effort personnel. Et dans cette élaboration interviennent nécessairement des éléments provenant d'autrui.

Dès lors qu'il évolue au sein d'un groupe, un individu doit se représenter la réalité telle qu'elle lui apparaît et en même temps parvenir à se faire une idée approximative de celle que se construit l'autre. Ces deux réalités ne coïncident pas. Il y a des différences. C'est inévitable. Pour être à l'aise dans la vie relationnelle, il faut parvenir à un consensus, à un accord sur une réalité partagée. Passer de sa réalité intime à une réalité partagée nécessite une adaptation. L'apaisement des tensions relationnelles implique qu'une personne ne dise pas tout ce qu'elle pense ou ressent lorsqu'elle communique, pour que son interlocuteur puisse se construire une réalité apaisée. Même si on se sent mal, on répond : « Ça va bien. » Même si on est contrarié, on répond : « C'est d'accord. » Même si on est vexé on répond : « Je ne suis pas fâché. » Le mensonge agit comme un fluidifiant social.

Vouloir améliorer la réalité

La réalité est sinistre. Quels que soient les époques et les lieux, chacun peut faire le constat que les guerres, les catastrophes, les épidémies et les crises économiques s'enchaînent. Celui qui écoute les bruits du monde est saturé de mauvaises nouvelles. Face à ces inquiétudes universelles, il y a deux postures : faire face à la réalité ou la maquiller pour la rendre moins pénible.

Le stoïcisme peut être considéré comme le paradigme de l'effort de vérité. L'homme stoïque regarde le monde tel qu'il est. Il a appris à se détacher des choses matérielles. Il sait que tout est futile et périssable. Il n'espère rien sinon trouver une forme de sérénité. À ce niveau d'élévation spirituelle, le mensonge n'est plus nécessaire. Dans la Grèce antique, Cratès de Thèbes invitait ses élèves à se défaire de tous leurs biens pour apprendre à vivre dans le dénuement et la frugalité. Pour celui qui suit la voie du stoïcisme, la vérité est la forme ultime de liberté qui consiste à regarder la réalité dépouillée des mensonges qui la recouvrent. Ces mensonges, ce sont les conventions sociales, les hypocrisies et les vanités qui déforment les relations naturelles entre les membres d'une société.

Mais le stoïcisme représente une ascèse exigeante, plus tyrannique que le désir et l'envie auxquels cette philosophie s'oppose. Cette posture de renoncement tient à la fois du moine et du mendiant. Elle demande un effort moral de tous les instants. Seul un faible nombre de personnes ont la capacité de tenir cet effort prolongé. L'autre posture, la plus commune, consiste à enjoliver le présent moyennant quelques artifices. C'est ici que le mensonge intervient dans sa fonction bienfaitrice. Pour faire du bien à quelqu'un, pour le soulager de l'angoisse qui le fait souffrir, on va lui dire ce qui paraît adapté afin de le réconforter. C'est le mensonge de charité. Par exemple, un enfant vous présente un gribouillage et vous dites : « C'est très beau » pour le valoriser et l'encourager dans son apprentissage.

Le chien fantôme

En général, le mensonge de charité fonctionne bien, mais il arrive qu'il produise l'effet inverse. Voici une histoire tragicomique qui en illustre l'échec. Une collègue m'a raconté qu'elle avait un chien au tempérament agressif. Vivant en pavillon, elle demandait à ses enfants de toujours veiller à ce que le portail de la maison fût bien clos pour éviter que l'animal n'aille mordre un passant. Un jour, son fils vint la prévenir que leur chien avait fait une catastrophe. Il venait de déposer dans leur jardin le caniche du voisin. La pauvre bête était sans vie et couverte de terre. Devant cette situation, la mère choisit d'avoir recours à un mensonge de charité. Elle aurait pu se rendre chez le voisin, présenter des excuses, s'engager à réparer le mal autant que possible en lui achetant un autre caniche. C'eût été facile si le voisin n'avait pas été aussi attaché à cet animal. Depuis le décès de son épouse, ce chien était le seul compagnon familier qui lui restait. Alors, avec son fils, la collègue entreprit de nettoyer le caniche mort. Elle le brossa pour enlever la terre et rendre l'éclat de son pelage. Enfin, profitant d'un moment d'absence du voisin, elle envoya son fils porter le caniche chez lui et le déposer délicatement devant sa niche, dans la position de sommeil qu'il avait habituellement. Elle espérait qu'ainsi le voisin découvrirait son chien mort tranquillement dans la paix de son sommeil. Ils guettèrent le retour du voisin et attendirent sa réaction. Quand celui-ci découvrit son chien, il fut pris d'une grande agitation. Ma collègue, dans sa posture de mensonge de charité, alla aussitôt le voir pour proposer son aide, en cachant bien ce qu'elle savait de la réalité. Le voisin lui déclara le trouble intense qui venait de le saisir. Il lui expliqua que son caniche était mort depuis deux jours. Il l'avait enterré dans son jardin. Et maintenant il le retrouvait devant sa niche, beau et propre, comme endormi. Il était épouvanté. Le mensonge qui devait apaiser la situation venait d'installer une confusion invraisemblable.

On voit dans la structure de cette histoire comment la réalité perçue par la collègue s'était construite sur une erreur :

ce n'était pas son chien qui avait causé la mort du caniche. En poursuivant sur son erreur, elle avait falsifié la réalité pour en apaiser la dureté qu'elle supposait être pour son voisin et produisit ainsi une nouvelle réalité plus effrayante que la réalité première. Elle n'a pas dit comment elle s'était sortie de cette affaire.

Une nécessité sociale

Dès lors que l'on accepte de poser un regard objectif sur les relations entre les individus, la vie sociale laisse voir qu'il y a une pratique courante et indispensable du mensonge. Pour communiquer paisiblement entre nous, il faut accepter cette déformation volontaire et altruiste de la réalité. S'il fallait dire les choses dans leur vérité brutale et prendre au pied de la lettre tout ce que chacun pourrait dire, nous ne pourrions pas vivre ensemble. Imaginons que quelqu'un ne puisse pas mentir. Il serait obligé d'énoncer toutes les pensées qui traversent sa conscience : « Ce n'est pas beau », « Je ne t'aime pas », « Tu m'énerves »... Sa vie sociale deviendrait un enfer, ses proches souffriraient, il serait rejeté. C'est ce qui faisait dire à Charles Baudelaire que c'est par un malentendu universel que tout le monde s'accorde. Et, pour nous accorder, notre langage prend mille formes qui s'apparentent au mensonge. L'exagération, la fabulation, la dissimulation et le déni sont parmi les plus fréquemment utilisés. Un individu qui ne sait pas mentir est condamné à vivre isolé.

Sans le mensonge, il n'y a pas de vie politique, il n'y a pas de diplomatie, il n'y a pas de commerce. À l'extrême, il n'y a plus de vie sociale possible.

Mais le mensonge est aussi un poison de la relation sociale. Il menace le lien entre deux individus. S'il y a trop de mensonge, aucun accord n'est possible. Ce paradoxe est au cœur de notre culture. Toutes les sociétés établissent que le mensonge est une faute, cependant elles ne fonctionnent que si chacun de ses membres l'utilise et l'accepte dans une certaine mesure.

Il est difficile de repérer ce qui permet une pratique saine du mensonge et d'éviter qu'elle devienne malsaine. Les critères du vrai et du faux ne sont pas universels. Ils varient d'un individu à l'autre, d'un temps à l'autre et d'une culture à l'autre. Ce qui rend une relation confortable, c'est la perception que le niveau de déformation que l'autre introduit dans son discours est acceptable et raisonné.

Maquiller la réalité pour la rendre plus attirante

Mentir, c'est essayer des alternatives à la réalité pour s'offrir un peu de rêve et de bonheur, le temps que durera ce mensonge, avant que l'illusion ne s'efface.

Pierrette est marseillaise. Elle a le verbe haut. Sa vie a été une série d'épreuves qui lui ont forgé un caractère fort. Elle a développé une faculté de défense, une forme mineure de mensonge qu'on appelle la galéjade. C'est une exagération tellement énorme qu'en général personne n'y croit.

Pierrette était agent hospitalier dans le service où je travaillais. Elle m'avait fait part de son admiration pour les astronautes. Elle avait appris que mon frère faisait partie de cette élite. Je me fis un plaisir de lui faire envoyer une photo de spationaute personnellement dédicacée. Elle en tira une grande fierté et me raconta peu après l'histoire suivante. Elle recevait chez elle ses petits-enfants, des jumeaux turbulents sur lesquels elle exerçait une forte autorité. À l'affût de ce qui est nouveau, les enfants remarquèrent la photo dédicacée, encadrée et mise en évidence sur le buffet. Ils questionnèrent leur grand-mère qui leur expliqua qui était le personnage et ce que signifiait la dédicace. Admiratifs, ils demandèrent : « Tu le connais ? » Elle répondit « Oui », à quoi elle ajouta instantanément : « Et même que je suis montée dans sa fusée ! »

Bien évidemment, Pierrette n'est jamais montée dans une fusée. Ce mensonge n'avait que des bénéfices. En premier, il la gratifiait d'une valeur supplémentaire aux yeux des enfants. C'était un mensonge de prestige. Pierrette y avait gagné en attachement affectif et en autorité. En deuxième, il avait fait rire. Ce mensonge avait eu une fonction comique. La capacité d'imagination de son auteur fit surgir une surprise improbable et joyeuse. Enfin, il apporta une valorisation supplémentaire sur le plan intellectuel. La galéjade fonctionne comme une mesure du niveau d'intelligence. Si son interlocuteur y croit, alors Pierrette est plus intelligente que lui puisqu'elle a su inventer quelque chose qu'il a cru. Il y a, dans la pratique du mensonge, la confrontation permanente entre deux intelligences. Celui dont le mensonge est accepté a le sentiment de ne pas être inférieur à ceux qui le croient. Et puis il y a l'explication que les Marseillais donnent à leur pratique de la galéjade : « Parce que, si je n'avais pas exagéré, tu ne m'aurais pas cru. »

Il est impossible de dire : « Nous sommes tous des menteurs »

Parce que la réalité n'est pas la même pour chacun, il ne peut pas y avoir de définition universelle du mensonge. Il est difficile à saisir dans son essence même. On aborde cette question comme on regarde le vide. Depuis l'Antiquité, les philosophes jouent avec ce vertige. Les Grecs nous ont laissé le fameux paradoxe crétois : « Je suis crétois/Tous les Crétois sont des menteurs/Donc je suis un menteur », ce qui entraîne une série logique d'énoncés impossibles parce qu'ils se contredisent les uns les autres : « Donc bien qu'étant crétois/je ne suis pas crétois » ou bien « Les Crétois ne sont pas tous des menteurs/Donc je ne suis pas un menteur » ou bien « Nous sommes tous des menteurs ». Or on ne peut pas dire cela, car celui qui dit « Je mens » énonce en même temps une vérité et un mensonge. C'est vrai et faux en même temps. Du point de vue logique cette phrase n'est pas possible, et pourtant elle existe dans notre langage.

Les philosophes se sont amusés avec ce paradoxe, en soulignant qu'il pouvait aussi nous sauver. C'est l'histoire du condamné à mort à qui on demande de dire une phrase de son choix : s'il dit la vérité il sera fusillé, s'il ment il sera pendu. Le condamné dit : « Je serai pendu. » Par ces mots, il ne peut être ni pendu ni fusillé. Le bourreau ne peut pas l'exécuter sans contrevenir à la règle qu'il a lui-même énoncée. Le prisonnier est libéré. Cette histoire montre que la capacité à mentir est un corollaire de la liberté ; la liberté de chacun de dire ce qu'il peut de sa réalité, dans l'intervalle qu'il y a entre ce qu'il ne peut pas changer dans son monde et la transformation qu'il veut lui apporter.

CHAPITRE 5

On ne croit que ce que l'on a envie de croire

Formulons une hypothèse : il n'y aurait, pour tout le monde, qu'une seule et même réalité. Dès lors, il n'y aurait plus de mensonge possible puisque chacun d'entre nous serait en mesure de comparer ce qu'il voit à ce qu'on lui raconte et prendrait conscience que ce qu'on lui dit est faux. Ce que nous appelons la réalité n'est jamais que la perception déformée que nous nous construisons du monde. Si le mensonge existe, c'est parce que la réalité est vue de façon différente par chacun. Il y a donc autant de vérités possibles qu'il y a de façons de constater la réalité. La vérité absolue n'existe pas. C'est parce que nous n'admettons pas cette évidence que la question du mensonge encombre tant nos esprits et nos relations sociales. Une question de fond demeure : qu'appelle-t-on la vérité ? Et, si elle n'est qu'une illusion, sous quelle forme peut-elle se manifester dans la réalité ?

Luigi Pirandello est un auteur dramatique, auteur de pièces de théâtre dans lesquelles il nous promène dans l'inconfort grisant de situations incertaines et douteuses. Le spectateur ou le lecteur de ses pièces est amené à formuler des hypothèses sans jamais savoir si ses suppositions sont valides ou non. Dans la pièce intitulée *Chacun sa vérité*, qu'il crée en 1917, il met en scène le décalage subtil entre les faits et ce qui est, pour chacun, sa représentation de la réalité. La trame de cette pièce est la suivante : les différents personnages qui occupent la scène sont des notables de la ville et leurs épouses ; ils s'agitent face à un mystère qui devient leur obsédante préoccupation. Ils cherchent à percer l'énigme qui entoure le comportement de trois personnes qui viennent d'arriver dans la petite ville. De ces trois personnes, on sait peu de chose, ce qui permet toutes les suppositions. Chacun imagine une explication plausible, mais sans preuve qui puisse l'étayer. Ce que l'on sait, c'est que ces trois personnes ont fui ensemble les ruines de leur village totalement détruit par un tremblement de terre survenu quelques années plus tôt et dont ces trois personnes sont les seules survivantes. Il s'agit d'un homme, Monsieur Ponza, de son épouse, Madame Ponza, et de la belle-mère de celui-ci, Madame Frola. Ils viennent de s'installer et leurs habitudes de vie intriguent les habitants de cette ville. La distraction principale de ces familles de notables est d'observer les faits et gestes de chacun, et de partager avec gourmandise les préjugés qu'elles imaginent.

Leur curiosité est animée par le manège entre ces trois personnes. Monsieur Ponza a toutes les apparences d'un gentil monsieur. Il est doux. Il est discret, poli et respectueux. Il passe matin et soir rendre visite à sa belle-mère, Madame Frola, dans son appartement du centre-ville. De son côté, Madame Frola a toutes les apparences d'une gentille vieille dame, elle aussi discrète et effacée. Tous les jours, les habitants de la ville peuvent voir cette vieille dame rendre visite à sa fille, laquelle réside au dernier étage d'un immeuble en périphérie de la ville. Voilà ce qui excite les curieux qui les observent : ces deux femmes, la mère et la fille, ne se rencontrent jamais. La mère reste toujours au bas de l'immeuble et sa fille qui réside au dernier étage n'est visible qu'au balcon de son appartement qu'elle ne quitte jamais. Elles communiquent par des petits mots écrits sur des papiers placés dans un panier que la fille descend et remonte à chaque visite. Ce manège intrigue les observateurs. Les notables se demandent quelle peut bien être la raison cruelle qui prive ces deux femmes de pouvoir se rencontrer et s'étreindre comme elles semblent en avoir l'ardente envie, elles qui ont été déjà si éprouvées par la catastrophe qui a ruiné leur existence antérieure.

Chacun sa vérité

Interrogé, Monsieur Ponza donne l'explication suivante : Madame Frola est mentalement fragile ; elle a déjà fait plusieurs séjours dans une clinique psychiatrique ; sa fille, la première épouse de Monsieur Ponza, est décédée dans le tremblement de terre mais la vieille dame nie cette réalité trop douloureuse pour être acceptée. Le temps a passé et Monsieur Ponza s'est remarié. La fragile Madame Frola croit que la nouvelle épouse est toujours sa fille, ce en quoi elle se trompe. La vérité, selon Monsieur Ponza, est que Madame Frola est atteinte d'une forme de démence et qu'il fait tout pour préserver le fragile équilibre mental qui lui reste, d'où ce subterfuge pour que les deux femmes communiquent sans jamais se rencontrer. Monsieur Ponza indique aux notables qu'il est particulièrement reconnaissant envers sa seconde épouse qui accepte de se livrer à cette supercherie au prix de rester cloîtrée chez elle, afin de préserver la faible santé de Madame Frola. Cette explication est claire. Elle est convaincante et une partie des curieux acceptent d'y croire.

Madame Frola, interrogée plus tard, parle avec douceur de son gendre et donne une version différente des faits, tout aussi plausible. La vieille dame raconte que, lors du tremblement de terre, Monsieur Ponza a été tellement éprouvé par l'idée que sa femme était morte qu'il en a momentanément perdu la raison ; plus tard, lorsque sa femme rescapée est réapparue, il a pensé que c'était une autre femme ; pour préserver la santé mentale de son mari, l'épouse a joué le jeu de s'identifier comme une autre femme et a accepté de se remarier pour offrir à son mari une explication réaliste à la réunion conjugale. C'est donc pour préserver l'équilibre psychique de Monsieur Ponza que Madame Frola accepte de jouer le jeu pénible de ne communiquer avec sa fille que par les petites lettres déposées dans le panier. Cette seconde explication, à peine plus complexe que la précédente, est tout aussi crédible. Madame Frola convainc les curieux de plus en plus excités par cette énigmatique situation. Voilà les notables de la ville séparés en deux groupes, ceux qui acceptent la version de Monsieur Ponza et ceux qui préfèrent la version de Madame Frola.

L'illusion et la réalité se confondent

Pour les personnages principaux de cette pièce, caractérisés par leur curiosité insatiable, l'incertitude est une torture. Ils conçoivent un plan pour mettre face à face Madame Frola et Monsieur Ponza. Ils sont bien surpris lorsque, l'un en face de l'autre, Madame Frola et Monsieur Ponza montrent une touchante bienveillance mutuelle. Chacun soutient la version de l'autre pour ne pas l'exposer à une décompensation psychologique. Ils affichent une solidarité émouvante. L'un comme l'autre se contraignent à falsifier la réalité et à sacrifier un peu de leur bonheur pour préserver celui de l'autre. Pour Monsieur Ponza et Madame Frola, la situation est stable, et ils ne souhaitent pas la modifier. Mais cette incertitude ravage la tranquillité d'esprit des notables de la ville. Leurs discussions deviennent de plus en plus vives. Il leur faut impérativement mettre fin à cette énigme qui les divise. Ils sollicitent les autorités pour convoquer Madame Ponza, celle dont ils ne voient que la silhouette sur son haut balcon. Elle seule pourra dire, avec certitude, LA vérité, l'unique explication qui apaisera et rassemblera tout le monde. Le préfet est mobilisé. Il interroge Madame Ponza et lui pose la question que tout le monde attend : « Êtes-vous la fille de Madame Frola ? » Oui, répond-elle. Comme si cette réponse paraissait insuffisante, quelqu'un lui pose la question symétrique : « Êtes-vous la seconde femme de Monsieur Ponza ? » Oui, répond-elle à nouveau. Comme les notables et leurs épouses, les spectateurs sont au comble de la confusion. Madame Ponza s'explique : pour apaiser le grand malheur qu'ils viennent de traverser, il faut que ces deux vérités coexistent. Ainsi, son mari, Monsieur Ponza, et sa mère, Madame Frola, sont préservés. Mais le préfet insiste. Il comprend les raisons de ces mensonges. Il conçoit le nécessaire travestissement de la réalité pour que la vie soit plus douce à tout le monde. Mais, en tant que représentant de l'ordre et de l'administration, il lui faut une seule vérité. « Vous, pour vous, qui êtes-vous, madame ? » Alors Madame Ponza répond à voix basse que, pour elle, elle n'est personne et que, pour les autres, elle est ce que chacun voudra croire qu'elle soit. La pièce s'achève sur cette béance, sur cette explication qui obscurcit davantage la réalité. Le mystère reste intact. À la fin du dernier acte, épuisés par l'émotion, s'embrassant et se soutenant mutuellement, Monsieur Ponza, Madame Ponza et Madame Frola décident de quitter la ville et sa société intolérante. Chacun des trois répète : « Allons-nous-en », « Allons-nous-en, oui, allons-nous-en… »

Le mensonge est une vérité symétrique et réversible

Le génie de Pirandello est de montrer que le mensonge peut être un espace consenti d'apaisement et de liberté tandis que l'exigence de vérité est une coercition stérile qui ne satisfait que les penchants malsains d'une foule avide de se nourrir de rumeurs et de préjugés. Cette pièce apporta à Luigi Pirandello une célébrité tardive. Il reçut le prix Nobel de littérature en 1934 pour l'ensemble de son œuvre. À cette occasion, les journalistes littéraires l'interrogèrent sur le sens de cette pièce. Il expliqua qu'il avait voulu montrer comment des personnes peuvent être amenées à fabriquer une apparence qui a la même consistance que la réalité, et comment elles parviennent à vivre dans cette fiction en parfait accord et en toute tranquillité. Cette fiction devient une nouvelle réalité et les curieux sont condamnés au « merveilleux supplice » de voir, côte à côte, l'illusion et la réalité sans pouvoir les distinguer l'une de l'autre.

Nous vivons dans les formes transparentes du mensonge

L'enseignement qui nous intéresse ici est le suivant : dans l'espace social dans lequel nous évoluons, chacun d'entre nous alterne ses comportements. Nous adoptons tantôt la conduite des curieux avides de vérité et tantôt celle des personnes isolées dans leurs illusions. La séparation de ces deux groupes est virtuelle. Nul être humain ne peut se croire hors du champ du mensonge et de l'illusion.

Celui qui pense que mentir, c'est mal, que c'est une faute, une trahison impardonnable, celui-là commet peut-être une erreur. Se tenir dans cette posture de jugement bloque la capacité à regarder le mensonge dans sa dynamique relationnelle riche et adaptative. Si on s'abstient de se placer dans une démarche morale, on constate que chaque culture choisit de désigner comme bien ce qu'elle choisit comme vérité, pour l'opposer à ce qu'elle désigne comme mal parce qu'elle choisit de le considérer comme un mensonge. Ce fonctionnement est collectif. Nous avons une tendance naturelle à mentir et à accepter la vérité en chœur. Mieux, le mensonge produit un effet de cohésion dans une communauté humaine.

Homo credulensis

Comment regardons-nous les événements dont nous avons connaissance ? Plutôt que de les considérer comme des vérités ou des mensonges (ce que nous avons spontanément tendance à faire), nous pouvons les classer dans un ordre différent qui exclut la dimension du bien et du mal : il y a les événements auxquels nous croyons avec certitude et ceux dont nous doutons. C'est là le point central de notre comportement vis-à-vis de la vérité et des mensonges. L'être humain a une tendance naturelle à consolider son espace psychique avec des convictions et répugne à douter.

Douter, c'est accepter que la réalité soit précaire. C'est vivre avec une incertitude source d'angoisse. C'est coûteux sur le plan psychique parce qu'il faut assumer un stress avec une dépense énergétique supplémentaire. Une dépense psychique prolongée peut conduire à l'épuisement. C'est pourquoi jusqu'à un certain point le mensonge protège de l'anxiété et de la dépression.

Si le mensonge existe, et s'il occupe une telle importance dans nos relations sociales, c'est que nous sommes crédules à l'excès. Notre conscience nous pousse en permanence à croire ce que nous avons sous les yeux, parce que le doute et la perplexité sont des postures psychiques inconfortables et stressantes. Généralement, nous sommes crédules pour deux raisons. D'abord par ignorance, parce que nous n'avons pas un niveau de connaissances suffisant pour comprendre tous les éléments de l'univers dans lequel nous évoluons. Nous sommes aussi crédules par facilité et par lâcheté, pour notre confort moral et notre tranquillité. Cet aveuglement face au mensonge est une condition du confort social dans l'instant présent. Mais rester dans cette passivité expose à des risques. S'installer dans le mensonge peut préparer des situations dramatiques qui auraient pu être évitées. Les guerres, les révolutions et les génocides ont fait des victimes par millions de vies humaines dévastées, et l'examen historique des faits montre que ces événements dramatiques ont toujours été précédés d'un consentement de masse aux mensonges répétés par les personnes au pouvoir.

Le mensonge est une faculté humaine. On peut même le considérer comme un indice d'intelligence. C'est un liant utile dans les relations sociales. Toutefois ce qui peut se comprendre à l'échelon de l'individu doit susciter toute notre vigilance dès lors que le recours systématique à cette disposition devient le fondement d'une doctrine. Le mensonge devient un problème sérieux lorsqu'il est assené comme un dogme politique et que la foule y consent avec aveuglement et soumission. La démocratie idéale est celle où coexistent les vérités et les mensonges, chacun ayant la liberté de choisir ce à quoi il croit et ne croit pas. Celle où personne n'a à subir la contrainte de répéter des vérités ou des mensonges auxquels il n'adhère pas.

PARTIE II

Le bain de mensonges

CHAPITRE 6

Au jeu du mensonge

Au commencement de son existence, l'être humain ne connaît rien de la réalité. Le nouveau-né subit l'épreuve du monde qui l'entoure. Il n'a pas encore développé les outils psychiques pour le comprendre. Pas à pas, il découvre son environnement et apprend comment il peut s'y adapter, jusqu'au moment où il comprend qu'il peut agir sur la réalité, y compris en mentant. C'est ainsi que le mensonge est une aptitude avant de devenir un défaut.

L'inconvénient des enfants qui ne savent pas mentir

Si on dit que la vérité sort de la bouche des enfants, c'est parce qu'ils ne savent pas encore mentir. Cela peut créer des problèmes. Ces vérités que disent les enfants peuvent engendrer des situations embarrassantes pour les adultes. Le conte d'Andersen, *Les Habits neufs de l'empereur*, l'illustre parfaitement. C'est l'histoire d'un monarque animé par la seule obsession d'avoir de beaux habits. Un jour deux escrocs se présentent au palais, affirmant être les seuls à pouvoir tisser une toile précieuse aux propriétés particulières : une étoffe qui aurait la propriété de rester invisible aux yeux des imbéciles et des incompétents. L'empereur fut ravi à l'idée de porter un vêtement susceptible de l'aider à démasquer les incapables au sein de sa cour. Les faux tisserands se mirent à l'ouvrage. Ils demandèrent de la soie et de l'or, puis ils firent semblant de tisser dans le vide et gardèrent pour eux les matières précieuses qui leur étaient apportées. L'empereur envoya ensuite la personnalité de son gouvernement en laquelle il avait le plus confiance, son bon et vieux ministre, pour l'informer de l'avancée des travaux. Celui-ci arriva au pied du métier à tisser vide devant lequel les escrocs étaient assis en faisant semblant de travailler. « Je ne vois rien du tout », pensa-t-il, se gardant bien de le dire à voix haute. Les deux escrocs lui demandèrent ce qu'il pensait de l'ouvrage. Le ministre eut un choix à faire : soit il énonçait la vérité et s'exposait à être congédié, soit il mentait et protégeait sa situation. Il choisit le mensonge de protection et déclara que l'étoffe était la plus belle qu'il ait jamais vue. C'est ainsi que toute la Cour vint visiter l'atelier des escrocs, jusqu'au roi lui-même qui se vit contraint d'adopter le même mensonge. Cela devint un mensonge de convention sociale : tout le monde mentait pour ne pas déranger l'ordre qui s'était figé autour du personnage principal. Conformément à l'usage royal, le monarque parada dans la rue pour montrer ses nouveaux vêtements. Par peur de troubler l'ordre public, la foule applaudit. Un enfant, mal élevé sans doute, sortit de la foule et cria : « Mais il n'a pas d'habit du tout ! » Soulagée par cette révélation, la foule hilare répéta les mots de l'enfant. Le conte se termine sur cette dernière image : le roi confus poursuivit la procession comme si de rien n'était, et, baissant les yeux pour ne pas voir qu'il n'y avait rien à regarder, ses chambellans continuèrent à porter une traîne qui n'existait pas.

Sally et Anne

Pour qu'il y ait mensonge, il faut qu'il y ait au moins deux personnes : le menteur et le dupé. Mentir, ça s'apprend. Pour être un bon menteur, il faut développer des capacités psychiques particulières. Un menteur doit être en mesure de comprendre comment pense celui qu'il veut duper.

On s'accorde sur le fait qu'on ne peut pas mentir avant l'âge de 3 ou 4 ans. Pour mentir, il faut pouvoir se représenter que l'autre ne pense pas comme soi. Il faut jongler avec son propre système de pensée et celui de l'autre qui peut penser différemment.

Cette aptitude a été explorée par le test de Sally et Anne. Ce test met en scène deux marionnettes. On observe la capacité d'un enfant à imaginer ce que peuvent penser les marionnettes. Avec une succession d'images, on raconte à un enfant l'histoire suivante : deux marionnettes jouent dans une salle de jeux. La première est Sally qui a posé à côté d'elle son panier et joue avec une balle. La seconde est Anne assise à côté d'un coffre fermé. Sally range sa balle dans son panier puis sort de la salle de jeux. Pendant son absence, Anne prend la balle qui est dans le panier puis la cache dans le coffre près duquel elle revient s'asseoir.

On pose une première question à l'enfant : est-ce que la balle est dans le panier ? Celui-ci, qui a bien observé le tour de passe-passe, répond que la balle n'est plus dans le panier mais qu'elle est cachée dans le coffre. Puis on fait revenir Sally dans la salle de jeux et on pose une seconde question à l'enfant : où Sally va-t-elle chercher sa balle ? Un enfant de moins de 3 ans va répondre « dans le coffre », parce qu'il pense que Sally partage les mêmes pensées que lui. Il ne fait pas la différence entre ce qu'il pense et ce que pensent les autres. Il n'est pas encore en mesure de comprendre que, pour Sally, qui n'a pas assisté au tour de passe-passe et qui revient dans une pièce où pour elle rien n'a bougé, la balle est encore dans le panier. Ce n'est que vers l'âge de 3 ou 4 ans que l'enfant est en mesure de se mettre à la place de l'autre et d'intégrer cette notion cruciale : l'autre peut se tromper. Avec la notion corollaire plus subtile encore : avec un peu d'habileté, l'autre peut être trompé. Le mensonge devient une aptitude d'adaptation indispensable. On peut imaginer que c'est une jouissance pour l'enfant de tromper l'autre. Cette capacité nouvelle pour lui compense ce qu'il perd du sentiment infantile de toute-puissance. Sur le plan psychique, cela s'équilibre : la part d'imaginaire perdue est remplacée par une capacité de raisonnement qui lui permet de jongler avec sa réalité et celle de l'autre.

« Si tu mens, tu auras une récompense »

Tant qu'il ne sait pas mentir, l'enfant est une victime en puissance. Comme il n'a pas l'idée qu'un autre puisse énoncer quelque chose de faux, il ne peut discerner le mal qui se cache derrière une tromperie. L'enfant qui ne connaît pas l'existence du mensonge est une proie facile, sans défense face à la malignité d'autrui. L'accès à la capacité de mentir permet à l'enfant de se protéger. Il lui faut pour cela apprendre à gérer le système complexe de la relation avec les adultes.

Au fil de son développement, l'enfant va apprendre deux choses sur le mensonge. Les adultes peuvent impunément lui mentir et, s'il joue le jeu d'y croire, il en obtiendra des gratifications. On peut le formuler dans l'autre sens et dire que la relation de l'adulte à l'enfant s'énonce ainsi : « Je te donne un cadeau si tu acceptes le mensonge qui l'accompagne. »

Beaucoup de traditions familiales ont cette structure. Il y a la petite souris qui vient la nuit troquer une dent contre une pièce de monnaie. Dans la culture anglo-saxonne, la petite souris est remplacée par une fée. Mais c'est le même principe : on raconte à l'enfant une fiction et, s'il est docile, s'il accepte ce récit, on lui promet une récompense le lendemain. Ce mensonge de « la petite souris » a une fonction de consolation. L'enfant perd une dent et gagne de l'argent. C'est aussi une initiation à la transaction commerciale, avec une perte et un gain. Le mensonge qui fonctionne bien est celui par lequel une transaction ramène à équilibre la situation nouvelle.

Comme autre mensonge avec gratification, il y a les cloches de Pâques qui déposent dans les jardins des confiseries en chocolat. Dans la culture anglo-saxonne, les cloches sont remplacées par des lapins. Là encore, on demande à l'enfant de croire une histoire invraisemblable moyennant ici une gratification sucrée. C'est encore un comportement de dressage pour amener l'enfant à se soumettre au mensonge. La portée pédagogique en est la suivante : « Tu n'as pas à savoir si c'est un mensonge ou non, tu dois croire ce qu'on te dit. »

Apprendre et interdire le mensonge

Le développement psychologique de l'enfant lui donne accès à la capacité de mentir, mais avec deux contraintes majeures : il ne doit pas remettre en cause les mensonges des adultes et il lui est formellement interdit de mentir, sauf à répéter leurs mensonges. On retrouve cette interdiction dans le conte de Pinocchio. Comme toute légende, le conte dessine des vérités. C'est un autre paradoxe : les vérités ne sont jamais aussi bien montrées que dans les fictions, les contes et les légendes, qui appartiennent à la catégorie du mensonge en ce qu'elles ne relèvent pas de la réalité. Pinocchio ne peut pas mentir sans que cela se voie. Cela fait de lui un enfant vulnérable. Sa fragilité réside en ce que tout le monde peut lire dans ses pensées. Il ne peut pas se protéger. Dès qu'il ment son nez s'allonge. C'est la métaphore de l'enfant qui rougit lorsqu'il ment et que l'érubescence trahit devant ses parents. Celui qui ne peut cacher qu'il ment est en danger. Il est à la merci de la première personne qui voudra l'exploiter. Le conte de Pinocchio le montre d'autant mieux que l'enfant est un pantin, c'est-à-dire qu'il laisse un autre tirer les ficelles de son existence.

C'est la leçon d'une histoire qui m'a été racontée par un adulte qui était, depuis l'enfance, un anxieux permanent. Il m'expliquait ainsi l'origine de son désarroi. Il était un enfant doué, en avance dans son parcours scolaire. Parce qu'il était le plus jeune de sa classe, ses camarades le harcelaient et cherchaient à l'effrayer en racontant des histoires de diable. Un jour, il se confia à sa mère et lui demanda : « Maman, est-ce que ça existe vraiment, le diable ? », à quoi la mère fit cette réponse terrible : « Non mon chéri, sauf pour les petits garçons qui ne disent pas tout à leur maman ! »

D'où ce conseil : il faut laisser les enfants mentir un peu, sans quoi ils sont fragilisés.

Celui qui peut voir tous les mensonges

Il y a donc très tôt dans le développement de l'enfant une contradiction à laquelle il doit s'adapter : il a appris à tromper, mais il est mis dans l'incapacité de jouir de sa capacité toute neuve à mentir. Il sait qu'on lui ment, il est récompensé s'il croit – ou fait semblant de croire – aux mensonges qu'on lui raconte, mais il est puni s'il est pris à mentir. De tous les mensonges avec gratification, le plus répandu dans notre culture est celui du Père Noël. À bien y regarder, c'est un personnage peu avenant. Il est ridé, barbu et corpulent. Si c'est le grand voyageur que l'on raconte, toujours en compagnie de ses rennes, il doit sentir très fort l'animal. On raconte aux enfants qu'il se faufile par la cheminée pour entrer la nuit dans les maisons. Cette histoire de maraudeur a tout pour être effrayante. On raconte en plus que le Père Noël est au courant de toutes les bêtises que les enfants ont pu faire, y compris les mensonges que leurs parents n'ont pas décelés. On induit chez les enfants une peur latente du Père Noël. En cela, ce personnage est l'avatar moderne du Père Fouettard. Il suffit de regarder ce qui se passe dans les centres commerciaux en fin d'année. Beaucoup d'enfants sont en larmes lorsqu'on les contraint à s'installer sur les genoux de cet inconnu en costume rouge pour la photo traditionnelle de Noël. Ce personnage inspire davantage la crainte que la confiance. Il appartient au processus d'éducation au mensonge et à la soumission. Les adultes demandent à l'enfant : « Est-ce que tu aimes le père Noël ? » L'enfant est placé devant un dilemme. S'il dit qu'il ne l'aime pas, il s'expose à ne pas recevoir de cadeaux. S'il dit qu'il l'aime, il pourra espérer les récompenses promises. Il apprend ainsi à entrer dans le jeu de la vie adulte.

Si ces fictions se maintiennent à une si large échelle de générations et de cultures, c'est qu'elles ont une utilité. Le Père Noël profite à beaucoup de monde. C'est un mensonge qui ne coûte rien et qui rapporte beaucoup. Coca-Cola s'en est approprié l'image dès 1930. En associant aux bonheurs de Noël les saveurs sucrées du soda, l'entreprise fidélisait pour plusieurs générations sa jeune clientèle. Le mensonge du Père Noël franchissait le rideau de fer dès 1945 pour être adapté au communisme soviétique où il prenait le nom de Ded Moroz, le « Père Gel ».

Controverses sur le Père Noël

Le Père Noël eut un ennemi. L'évêque de Dijon, Mgr Guillaume Sembel, prenait ombrage de ce que les enfants du diocèse étaient davantage intéressés par l'histoire du Père Noël que par la célébration de la Nativité. Le prélat entreprit une opération spectaculaire pour dénoncer la fabulation trompeuse qui donnait tant de popularité à cette fiction concurrente. Le 23 décembre 1951, l'évêque organisa une cérémonie publique. Il fit amener un mannequin qui fut pendu aux grilles de la cathédrale. Devant deux cent cinquante enfants impressionnés, il fit le procès de l'épouvantail. Il accusa le Père Noël d'hérésie et d'usurpation. Puis il mit le feu au bûcher pendant que les enfants entonnaient des cantiques. Le maire de la ville, le chanoine Kir, était aussi un prélat fort en caractère et grande figure politique. Il avait protégé Mgr Sembel de l'épuration qui avait suivi la fin de la Seconde Guerre mondiale, et l'évêque avait soutenu son protecteur lors des élections municipales. Cette alliance passée n'empêcha pas le chanoine Kir de prendre, contre l'évêque inquisiteur, le parti du mensonge laïque et républicain. Dès le lendemain, il fit dresser une effigie du Père Noël sur le toit de l'hôtel de ville. Depuis, chaque année dans cette ville, le Père Noël descend en tyrolienne depuis la tour Philippe-le-Bon jusqu'au parvis de la mairie.

D'où cette observation : les mensonges destinés aux enfants bénéficient d'une garantie publique.

Polémique entre psychanalystes

L'utilité du mensonge du Père Noël se trouva aussi au cœur d'une polémique, au début des années 1960, entre Françoise Dolto et un de ses collègues. Françoise Dolto était déjà la psychanalyste connue pour promouvoir l'écoute et la parole de l'enfant. On aurait pu penser qu'elle eût pris position contre ces mystifications qui bêtifient l'enfant et l'empêchent de grandir. Ce ne fut pas le cas.

Le frère de Françoise Dolto, Jacques Marette, était à l'époque ministre des Postes et Télécommunications et il demanda à sa sœur de rédiger une carte-réponse modèle à envoyer aux enfants qui avaient « joué le jeu » des adultes et écrit une lettre au Père Noël. Il est clair que les enfants en âge d'écrire sont aussi en âge de mentir. Françoise Dolto rédigea le texte suivant : « Mon enfant chéri, ta gentille lettre m'a fait beaucoup plaisir. Je t'envoie mon portrait. Tu vois que le facteur m'a trouvé, il est très malin. J'ai reçu beaucoup de commandes. Je ne sais pas si je pourrai t'apporter ce que tu m'as demandé. J'essaierai, mais je suis ~~très~~ vieux et quelquefois je me trompe. Il faut me pardonner. Sois sage, travaille bien. Je t'embrasse fort. Le Père Noël. » Le mot barré était laissé sur la carte, pour donner plus de crédibilité à ce message.

Un confrère médecin dénonça cette niaiserie qui bêtifiait les enfants. Le docteur Herbert Le Porrier, écrivain et médecin qu'elle avait côtoyé sur les bancs de la faculté, attaqua ainsi l'institution du Père Noël. Il la qualifia de « gérontocratie », une forme de tyrannie des vieux exercée sur les jeunes. Pour lui, cette institution par laquelle on figurait un petit vieux qui récompensait les mérites n'incarnait que la mauvaise conscience des adultes vis-à-vis des enfants. À quoi Françoise Dolto répondit que, bien au contraire, les mythes étaient la preuve de l'intelligence tolérante des enfants vis-à-vis des adultes. Elle eut l'occasion vingt ans plus tard de rafraîchir le texte de la carte-réponse. Elle établissait le lien que le Père Noël pouvait représenter entre les deux générations, celle des enfants et celle de leurs parents. Elle rappelait aux enfants que leurs parents eux aussi étaient passés par le stade de l'enfance : « Mon enfant chéri, [...] Tu as bien fait de me demander tout ce que tu aimerais recevoir à Noël, même si c'est cher et difficile à trouver, comme disent les grandes personnes. C'était déjà comme ça quand elles étaient petites et que, comme toi, elles croyaient au Père Noël. [...] De la part de ton vieil ami qui t'aime. »

Dans cette nouvelle formulation, Françoise Dolto soulignait le caractère initiatique de ce rite universel, mélange de profane et de sacré, qui offrait à l'enfant d'entrer et de sortir de cette fiction comme les grands avaient appris à le faire avant lui.

Le bonheur de Noël est, plus que dans les cadeaux, la joie de partager une fiction. Avec le mythe du Père Noël, l'enfant accède à l'univers du secret. Il s'initie au mensonge. Il apprend comment il se partage et comment le secret se respecte. Ce bonheur tient dans la valorisation narcissique qu'apporte l'idée de détenir un secret, d'en connaître la misère – puisque le Père Noël n'existe pas – et d'en connaître le bonheur – puisque ce mensonge apporte de la joie à tout le monde.

CHAPITRE 7

La tendance à répéter les mensonges des autres

« Il est midi à la montre du commandant. » Le jeune militaire qui prononce cette phrase sait très bien qu'il n'est pas exactement midi et que le chef de table n'est pas nécessairement commandant. Mais il doit la dire quand même, parce qu'il est le plus jeune du groupe. Il est resté debout. Cette phrase annonce le début du repas. Il doit la prononcer en même temps qu'il se fait huer et traiter de menteur par tous ceux qui sont déjà assis. Il doit annoncer un menu gastronomique qui n'a rien à voir avec l'ordinaire du service. Cette exagération est un rituel dans les armées à la table des officiers. Cette tradition a une fonction sociale. C'est un comportement d'intégration et de cohésion. Celui qui est le plus jeune et le moins gradé du groupe est aussi celui qui est le plus récemment arrivé. Les membres du groupe ne le connaissent pas encore. Le nouveau venu doit faire ses preuves. Il doit se soumettre. Alors il répète ces phrases que tous les autres ont été contraints eux aussi, en leur temps, de clamer. Comme récompense à cette soumission, le nouveau venu aura le soutien de ce groupe qui l'aidera à poursuivre sa carrière. Plus tard, dès qu'un nouvel officier plus jeune que lui arrivera dans ce groupe, il sera remplacé dans ce rituel. L'officier maintenant intégré pourra s'asseoir et hurler sur le nouveau venu pour lui dire que tout cela est faux et qu'il est un menteur.

La dynamique de groupe est un puissant facteur de propagation d'un mensonge. Le groupe exerce sur l'individu des forces suffisamment puissantes pour lui imposer de mentir. Et, passé un seuil, il va le faire à un tel point qu'il aura la conviction que tous ceux qui le contredisent sont des menteurs.

Solomon Asch est un psychologue américain qui a étudié les facteurs inhibant la capacité à résister à un mensonge. Dans certaines conditions, une personne peut se sentir contrainte à formuler un énoncé dont elle sait qu'il est faux uniquement parce que tout le monde autour d'elle répète la même chose.

En 1950, il publia les résultats de ses observations. Il avait réuni un groupe de neuf étudiants. Ces neuf personnes étaient invitées à participer à un prétendu test visuel. Elles étaient accueillies comme un groupe de volontaires. En réalité, tous les participants étaient complices sauf un. Cette expérience n'avait qu'un seul cobaye qui était observé et évalué. Mais ce cobaye ne le savait pas. Il pensait que les huit autres participants étaient évalués comme lui. L'expérience avait pour but d'observer comment cet étudiant allait réagir au comportement des autres.

Les complices et le sujet étaient alignés dans une pièce, assis face à un examinateur et un tableau. L'examinateur leur demandait de juger la longueur de plusieurs lignes tracées sur une série d'affiches. Sur la gauche était présentée une ligne de référence. Sur la droite étaient présentées trois autres lignes désignées sous les lettres A, B et C. Chacun des étudiants devait dire laquelle de ces trois lignes A, B et C placées à droite avait une hauteur égale à la ligne de référence affichée à gauche. Avant que l'expérience ne commence, l'expérimentateur avait donné des instructions à ses huit complices. Au début, pour endormir la méfiance du cobaye, ils devaient donner la bonne réponse, puis, une fois que la routine de l'expérience était installée, ils devaient sans hésiter donner la même fausse réponse. Le sujet « naïf » était l'avant-dernier à répondre. Voici ce qu'Asch mit en évidence : le sujet évalué – le cobaye – était au début surpris des réponses fausses énoncées par tous ses acolytes. Puis, au fur et à mesure que l'expérience se prolongeait, le cobaye devenait de plus en plus hésitant quant à ses propres réponses. Cette expérience fut reproduite plusieurs fois sur différents groupes. Les observations montrèrent deux résultats importants. Dans 75 % des cas, au moins une fois, le cobaye a altéré sa réponse pour être conforme à celle du groupe. Dans 36 % des cas, le cobaye finissait par se conformer à toutes les mauvaises réponses du groupe.

Le conformisme est une disposition à mentir sous influence. Lorsqu'ils doivent fonctionner en groupe, les trois quarts des individus d'une société sont sous l'influence de cette disposition. Comme les situations et les groupes auxquels nous sommes mêlés alternent souvent, on peut conclure que nous sommes tous sous influence à répéter des mensonges, sans toujours nous en rendre compte.

On ment en groupe

Cette étude sur le conformisme montre que l'homme a une tendance spontanée et naturelle à répéter un mensonge si cela est nécessaire pour maintenir son inclusion dans le groupe au sein duquel il a été placé. On ment en société, et on ment d'autant plus que le groupe est important.

Le mensonge s'apparente à un instinct qui participe à l'insertion sociale de l'individu. Placé dans une perspective évolutionniste, il apparaît comme un caractère adaptatif de l'homme. Avec le mensonge, un individu s'en sort mieux dans la lutte pour sa survie et celle de son groupe. D'où cette déduction : mieux il ment, plus il bénéficie de la force du groupe, et plus il est apte à survivre.

Reste à définir les critères du « mieux » lorsqu'on évalue la catégorie du mensonge. Il faut que celui qui ment soit à même de garantir la promesse de son mensonge, ou bien être en mesure de lui en substituer un autre de la même portée. En ce domaine, ce sont les religions qui sont les plus efficaces.

Le mot « religion » vient du latin *religare*, c'est-à-dire « ce qui relie entre eux les membres d'un même groupe ». À leur origine, chacune des religions postule des cosmogonies surnaturelles. Ce sont des fictions poétiques à contenu symbolique. À partir de ces mythes fondateurs, chaque société construit sa religion. Le seul effort demandé à ses adeptes est d'accepter ces postulats sans les discuter. Pour les uns, par exemple les Amérindiens, les dieux créateurs sont des animaux. Pour d'autres, ces dieux ont des figures et des tempéraments humains comme dans la Grèce antique.

Est-ce que les fictions sont des mensonges ? Pour répondre, on peut envisager le postulat primordial de l'existence de Dieu. Celui qui dit : « Dieu existe » n'a aucun moyen de le confirmer. De la même manière celui qui dit : « Dieu n'existe pas » n'a aucun argument tangible pour en apporter la preuve. En matière de religion, le rapport à la vérité est une question inconfortable lorsqu'on l'envisage de l'extérieur d'une communauté de foi. Je me souviens d'un psychiatre à la retraite, le docteur Joseph Bieder, qui faisait un jour une conférence sur son parcours professionnel. Il aborda son expérience de la déportation. Il évoquait les journées sans fin et les nuits sans repos pour les hommes entassés avec lui dans des wagons. Puis il se focalisa sur un détail de son expérience : près de lui des Juifs pieux psalmodiaient des prières tout au long du sinistre voyage. Joseph Bieder fit alors cette déclaration : « C'est à ce moment que j'eus la révélation que Dieu n'existait pas ! »

Nous eûmes par la suite l'occasion d'en discuter entre nous. Il était ravi que ce propos ait stimulé ma curiosité. Il m'apprit à chercher le contre-pied des vérités toutes faites. En l'occurrence, il avait pris le contre-pied de ce qu'on appelle l'argument ontologique : Dieu est la perfection/Si Dieu n'existait pas il ne serait pas parfait/Comme Dieu est parfait donc il existe.

Il n'y a pas *une* vérité mais *des* vérités. Les vérités sont plurielles. Le danger dans toute religion, c'est lorsqu'une personne déclare que seul son dieu existe et que celui des autres n'existe pas.

Le dogme comme mensonge fondamental

Ces énoncés reposant sur des affirmations de faits non réels, ils tombent dans le domaine du dogme. Chaque adepte d'une religion se trouve dans la même situation que celle imaginée par Solomon Asch dans ses expériences. Par conformisme, chaque adepte va accepter de reconnaître comme vrai un énoncé surnaturel, proprement incroyable, dont le but est de rendre accessibles à sa raison des phénomènes qui la dépassent. On ne sait pas comment l'univers a été créé. On ne sait pas ce qui précède la naissance d'un être. On ne sait pas ce qu'il advient des êtres après leur mort. « Qui sommes-nous ? » « D'où venons-nous ? » et « Où allons-nous ? » sont les questions cruciales qui tourmentent celui qui réfléchit sur sa raison d'être. Pour se détacher d'un questionnement existentiel qui l'angoisse, l'homme produit des réponses qui peuvent l'aider. Ces réponses ont un statut ambigu. Elles ne sont ni vraies ni fausses. Rien ne permet d'affirmer leur réalité. Elles sont des choses inventées, donc douteuses. Elles relèvent d'une autre catégorie : celle des « vérités fausses ». Ces réponses sont les exemples types de la nécessité, pour l'équilibre psychique, de disposer d'éléments imaginés que chacun doit considérer comme vrais, qu'il doit apprendre et répéter à son tour.

Les religions ont un caractère universel. Il n'y a pas une société humaine qui échappe à ce travail mystique collectif. Les dogmes religieux semblent avoir un rôle particulier. On devine qu'en postulant une fable à admettre comme vraie les hommes parviennent à vivre en groupe et à s'entendre. Comme s'il fallait s'accorder sur un mensonge primordial pour définir un espace de vie commune. La religion nous apprend à l'accepter, à lui être fidèle, avec ce paradoxe qu'elle interdit tout autre mensonge que celui qu'elle a produit.

Dans le champ de la religion, il n'y a pas d'intention sournoise au départ. Les fictions originelles sont empreintes d'une sagesse profonde. Les messages mystiques sont régulièrement renouvelés par les prophètes qui enrichissent le mythe fondateur. Au sein des foules, le clergé reçoit la charge de guider la vie spirituelle des fidèles et d'en vivifier la foi. Dans les religions, la promesse ne sera délivrée qu'après la mort. Il n'est nul besoin de la garantir. Il suffit d'y croire avec force.

Les mensonges lient les uns et en désunissent d'autres

Les postulats des religions sont des dogmes assortis d'un pouvoir de cohésion sociale. Toutefois, les puissantes forces de cohésion religieuse font surgir un inconvénient majeur : la capacité à mobiliser des charges de haine contre ceux qui n'y adhèrent pas. Dès qu'elle parvient à un niveau de structure rigide et fort, une société ne peut pas supporter deux mensonges distincts portant sur un même objet. La religion dévie alors de sa portée initiale et produit du malheur, comme lors des guerres de religion ou lors de l'Inquisition.

La laïcité républicaine est une parade à ces violences. Elle reconnaît à chacune des religions une même valeur, assortie de la liberté pour chaque individu de choisir à laquelle il se soumettra. La laïcité est une posture de tolérance qui énonce ainsi le code républicain : vous pouvez croire entre vous à des vérités différentes à la condition de vous accommoder du fait que les autres en fassent autant et différemment.

L'esprit de l'homme est empli de fictions. Les illusions qui construisent son existence sont la traduction de son effort pour donner un peu de consistance à des espérances qui s'effacent au contact de la réalité. Les mythologies sont intéressantes à regarder comme des mensonges, en ce sens qu'elles sont les premières réponses apportées sous forme de fictions à des questions insolubles. Nous n'avons aucune idée des origines, chez l'homme, de la conscience réflexive qui lui permet de s'observer dans son rapport au monde. Les récits de la genèse qui racontent comment un ou des dieux ont fait les hommes varient d'une culture à l'autre. La fiction donne une forme à ce qui préexiste à notre connaissance. C'est aussi le rôle des légendes. Avec cette différence que les religions imposent que l'on croie que ce qu'elles disent est vrai tandis que les légendes ne l'imposent pas.

Les trois postures face aux dogmes

L'histoire des sociétés et des religions montre que, face aux dogmes, il existe trois attitudes possibles.

La première est le syncrétisme. Lors de son développement, l'Empire romain intégrait dans son panthéon les dieux des peuples dont ils avaient conquis les territoires. Le syncrétisme désigne la capacité à s'accommoder des croyances culturelles des autres en leur reconnaissant une valeur égale aux croyances déjà intégrées. La paix sociale est garantie par ce postulat laïque : aucune religion n'est supérieure à une autre. Une société s'enrichit à intégrer à sa culture les dogmes d'autrui.

La deuxième attitude est la tolérance. Aucune vérité n'a un caractère universel, il n'y a que des vérités pour chacun. Dans cette formule, il n'y a pas de mensonges qui doivent être imposés à tous, chacun s'accommode de ceux qu'il choisit. Cela définit la liberté de culte. Chacun peut croire ce qu'il veut à partir du moment où il partage cette liberté avec n'importe quel autre de ses concitoyens. Mais cette tolérance montre ses limites lorsqu'une population exige qu'un énoncé mensonger soit maintenu au nom de la liberté de pensée.

La troisième posture est le doute constructif. C'est un principe primordial. C'est admettre que l'on peut se tromper.

Il n'y a aucune garantie que nos raisonnements soient justes. Tant que le système fonctionne sur une base stable, il est prudent de rester sur le système de croyance en cours. Aussitôt que le système dysfonctionne, il faut comprendre que les dogmes qui le fondent sont devenus caducs et qu'il faut en élaborer de nouveaux. Les dogmes peuvent être considérés, à leur naissance, comme des mensonges que chacun va essayer ensuite de transformer en vérités. C'est ainsi que les sociétés peuvent au mieux se développer et se stabiliser. Sans la saine pratique du doute, une société se sclérose puis se divise, chacun adopte des croyances divergentes et recourt à la violence pour contraindre l'autre à renoncer aux siennes. Les guerres de religion qui se produisent régulièrement en sont la triste démonstration.

CHAPITRE 8

La forme épidémique : la rumeur

La forme contagieuse du mensonge est la rumeur. Les conditions de son émergence sont simples. Dès lors qu'il est en groupe, un homme y est prédisposé. Cela a été montré d'une façon amusante au début des années 2000. Une station radiophonique populaire passait des sketchs construits sur des improvisations comiques en deux temps : un canular puis une rumeur. Le lieu choisi pour forger cette rumeur était un bistrot avec son ambiance de fond conviviale et relâchée. Les personnes manipulées étaient les consommateurs. Le sketch se déroulait à leur insu.

Le premier temps était le canular. Un animateur entrait en scène pour jouer une scène improvisée. Il se mettait dans un état d'excitation, allait au comptoir, interrompait les conversations en cours avec une question : « Vous avez vu ? Vous avez vu ? » Puis il racontait à la cantonade une histoire rocambolesque. Il déclarait qu'il venait d'être témoin d'un événement incroyable : devant le bistrot, sur le trottoir, une actrice célèbre, sublime de beauté, promenait son chien, s'apprêtait à traverser la chaussée, une voiture fonçait à toute allure avec le risque d'écraser le chien, un passant courageux se jetait au-devant du véhicule pour sauver l'animal, l'actrice reconnaissante embrassait avec fougue le héros qui avait sauvé son chien puis disparaissait, laissant sur place un homme émerveillé, tout échauffé du baiser brûlant qu'il venait de recevoir. L'animateur n'avait cité que le nom de l'actrice. Aucune autre précision n'était donnée. Tout était inventé. Le faux témoin disparaissait à son tour après avoir raconté sa fable.

Les auteurs du canular laissaient passer une petite heure, le temps que les discussions de comptoir amplifient l'événement. Puis venait le second temps de cette manipulation, celui de la rumeur. Une équipe de journalistes complices entrait en scène. Les journalistes tendaient le micro : « Bonjour. C'est pour la radio. On nous a téléphoné d'ici pour nous informer qu'il s'était passé quelque chose de spectaculaire ce matin. Est-ce que quelqu'un peut témoigner au micro ? » Diverses personnes se présentèrent. Le journaliste demanda : « Vous avez été témoin ? » Réponse : « Oui [premier mensonge], j'ai tout vu [second mensonge]. »

La forge de la rumeur

Ce fut un florilège de mensonges. Les personnes interrogées se bousculaient pour donner leur version. Par exemple, sur le détail du chien. Dans la première phase du canular, à aucun moment il n'avait été donné de précision sur l'animal. Le faux journaliste posa la question : « C'était quoi comme chien ? » Après un court silence, une première personne proposa une réponse : « C'était un teckel ! » Une autre grogna une hésitation. Une troisième affirma d'une voix forte et assurée : « Oui, c'est bien ça ! C'était un teckel. » Tout le monde acquiesça, comme si cette réponse soulageait. Sur la base de cette unanimité, ce mensonge devint une vérité admise par tous. Les suites de cette fiction furent inventées sans difficulté. « De quelle couleur était-il ? », poursuivit le faux journaliste. « Marron », affirma une première personne, rapidement soutenue par les autres : « Oui ! C'était un teckel marron. »

Ce sketch radiophonique avait pour but de faire rire. Mais ce qui s'est passé peut aussi faire froid dans le dos. La rumeur obéit au principe de l'apprenti sorcier. Il est facile de faire démarrer cette mécanique toujours prompte à partir. Mais il est impossible d'en prévoir l'évolution. La bête échappe à son créateur, parfois pour le pire.

Les facteurs qui participent à la construction d'une rumeur sont individuels et collectifs. Sur le plan individuel, chaque menteur y gagne en prestige. Dans le cas du canular radiophonique, voir une célébrité est une gratification narcissique. C'est entrer brièvement dans la lumière de son existence et en éprouver la fugitive excitation. Pendant quelques heures, le menteur devient une personne importante, des journalistes s'intéressent à lui. Il capte l'attention des auditeurs. Il prend de l'importance au sein du petit groupe auquel il appartient. Ce sont autant de menus plaisirs qui égayent la routine. Le point primordial est le suivant : même si tout est imaginé, c'est vécu émotionnellement. Cette histoire peut n'être qu'une fable, mais elle est agréable à tous ceux qui la partagent. Son contenu est faux, mais il fait du bien et, à ce titre, la rumeur entre dans la réalité et s'y installe.

Cette situation illustre le paradoxe du mensonge : la rumeur naît et se développe parce qu'elle apporte un bénéfice à celui qui la porte et la répand. Mais la rumeur peut conduire à des situations dramatiques, comme l'illustre un événement étudié par Edgar Morin et désigné sous le nom de la « rumeur d'Orléans ».

La rumeur d'Orléans

Sur le plan collectif, les facteurs de propagation de la rumeur sont liés à deux dimensions : le secret et les haines. Il n'existe aucune rumeur chargée de promesses heureuses ou de sécurité. Le fondement des rumeurs tient à une disposition latente chez n'importe quel individu intégré dans un groupe : la paranoïa. Cela veut dire « penser de travers ». Dans les rumeurs, la paranoïa est fondée sur la supposition que des personnes en marge d'un groupe se sont entendues en secret pour nuire aux intérêts de ce groupe.

À la mi-mai 1969, une rumeur avait envahi en quelques jours la ville d'Orléans et ses cent cinquante mille habitants. Le bruit courait que des femmes disparaissaient mystérieusement des magasins de vêtements où elles étaient droguées par piqûres dans les salons d'essayage ; elles étaient ensuite transportées par des passages secrets dans des caves d'où, à la nuit tombée, elles étaient évacuées vers la Loire et embarquées à bord de sous-marins qui les convoyaient vers le Moyen-Orient pour y être prostituées. Cette rumeur de « traite des blanches » se développa avec un corollaire accusatoire : les magasins désignés étaient ceux des commerçants juifs de la ville. La rumeur se développa malgré une évidence majeure qui aurait dû suffire à l'arrêter : aucune jeune femme n'avait disparu pendant cette période. Malgré l'absence de faits réels, cette rumeur fut colportée puis amplifiée pour atteindre différents établissements scolaires, les écoles religieuses, l'école d'infirmières où les directeurs et les enseignants, captés par cette rumeur, réunirent les élèves pour les prévenir du danger.

Les commerçants incriminés auraient pu faire le dos rond et attendre que la rumeur disparaisse. Mais leur situation se dégrada rapidement. Au début, ils ne prirent pas au sérieux cette histoire qui avait envahi la ville. Ils se contentèrent de dire que tout cela était faux, qu'ils avaient une réputation de sérieux et d'honnêteté, qu'aucune cliente n'avait jamais disparu chez eux, qu'il n'y avait pas de souterrains… En vain. Ils se sentirent rapidement en danger, reçurent des menaces par courriers anonymes et virent leur clientèle se détourner de leurs magasins alors que les curieux tournaient devant leurs vitrines avec des regards malveillants. Le 30 mai, le mari d'une employée était entré brusquement dans un magasin pour chercher sa femme en criant que plus jamais elle n'y mettrait les pieds. À la moindre provocation, la foule pouvait manifester de la violence. Les risques d'attaque étaient réels et les commerçants n'avaient aucun moyen de se protéger. La police, sous le prétexte que la rumeur était infondée, ne voyait pas la nécessité d'intervenir.

Naissance, vie et mort d'une rumeur

Les commerçants passèrent à l'action et choisirent de mobiliser la justice en portant plainte pour calomnie, puis ils sollicitèrent Edgar Morin et son équipe pour mener une enquête sociologique.

Premier constat : le sujet était à la mode. *Noir et blanc* était un magazine à sensation, un hebdomadaire populaire qui flirtait avec l'érotisme. Ce magazine produisait des unes sensationnelles. La ligne éditoriale de cette revue se déduit des gros titres de ce journal de cette année-là : « Je cède sans honte à tous mes désirs » ; « L'art d'attraper les hommes » ; « Atroces confessions d'une jeune fille ». Début mai 1969, une semaine avant la naissance de la rumeur, la une était « Vendues ou enlevées », avec en sous-titre « L'esclavage sexuel ». L'article était bidonné ; Edgar Morin a établi qu'il reproduisait l'intrigue d'un roman policier sans nommer sa source, le tout accompagné de photos à caractère érotique. L'article était construit pour laisser imaginer un danger omniprésent pour les jeunes lectrices, mais il n'était fait mention d'aucune ville en particulier.

La propagation de cette rumeur dans la ville d'Orléans et ses proches environs se fit exclusivement par le bouche-à-oreille. Il n'y eut aucun tract, aucun graffiti. La puissance d'une rumeur, c'est la bouche qui la colporte. Dans ce contexte, les mensonges deviennent des armes redoutables.

Ce phénomène s'était déjà produit en d'autres endroits. Entre 1959 et 1968, des rumeurs de ce type, moins élaborées, avaient circulé à Paris, à Toulouse et à Rouen. Au moment où se déployait la rumeur à Orléans, des propos identiques circulaient à Poitiers et à Châtellerault. L'année suivante, il se produisit à Amiens un phénomène de la même ampleur.

Edgar Morin et son équipe établirent que la rumeur d'Orléans était née autour du 20 mai 1969. Elle se propagea d'abord dans la jeunesse féminine correspondant au lectorat du magazine *Noir et blanc*. Puis elle se répandit d'une copine à l'autre, des élèves à leurs professeurs, des lycéennes à leurs parents. Elle gagna les groupes de jeunes, les familles,

les bureaux, les ateliers. Elle fermentait dans tous les lieux de discussion pour devenir, dès le 31 mai, le cœur des préoccupations des habitants de la ville. En moins de dix jours, tous les habitants furent contaminés.

Entre le 29 et le 31 mai, la rumeur atteignit son apogée. On retrouva celui qui avait ajouté le détail du sous-marin. Il avait lancé l'idée comme une blague le vendredi 30, celle-ci revint comme une vérité le samedi 31.

La vérité paralysée par le mensonge

Le mensonge avait saisi toute la ville. La police et la magistrature avaient été informées de cette rumeur dès sa naissance, mais elles choisirent de ne pas intervenir. Le 20 mai, un inspecteur de police fut avisé des enlèvements par sa fille lycéenne. Il s'informa auprès de ses collègues et de ses supérieurs. Le démenti dissipa ses soupçons. Il abandonna tout intérêt pour cette affaire. Le même jour, les secrétaires du procureur de la République l'interrogèrent sur les mesures qu'il comptait prendre contre la traite des blanches. Éberlué, il se tourna vers le commissaire qui mena une discrète enquête auprès des commerçants incriminés. Se rendant compte qu'il s'agissait d'une rumeur, il abandonna l'affaire à son tour. Il ne lui vint pas un instant à l'idée d'enquêter sur la rumeur elle-même. On peut noter la dissuasion qu'exerce le mensonge lorsqu'il atteint cette échelle, en inhibant la faculté de réaction de ceux qui n'y adhèrent pas. Cette paralysie des autorités donna un élan supplémentaire à la rumeur qui vint alors à les englober. Des commentaires nouveaux enrichirent les discussions de rue :

c'était sûr maintenant, les policiers et la justice avaient été achetés par les commerçants incriminés. Ceux qui ne croyaient pas à la rumeur étaient catalogués complices des supposés malfaiteurs.

Les vestiges persistants de la rumeur

La plainte officielle des commerçants de la ville d'Orléans fut déposée le 1er juin 1969. D'un coup, les yeux des autorités publiques se dessillèrent. Unanimement, le 2 juin, tout ce qui avait fait figure d'autorité dans le domaine du droit, de la police, de la presse, de l'Éducation nationale, des milieux associatifs et syndicaux, se mit à communiquer un même message : la population s'était affolée d'une rumeur sans fondement, il fallait cesser la persécution des commerçants juifs. Le 12 juin, le combat contre le bouche-à-oreille sembla gagné. La campagne de communication contre la rumeur prit fin. Le 17 juillet, la police municipale considéra l'affaire close.

Le sujet ne fut plus abordé. Des journalistes de télévision vinrent quelques semaines plus tard enquêter. La rumeur n'avait pas totalement disparu. Les conversations de jeunes femmes dans les rues continuaient à colporter un résidu qui persistait malgré les différents démentis : « Les gens n'auraient pas inventé ça », « Il y a bien quelque chose de vrai là-dedans ! », « Je sais que de toute manière je n'irai plus essayer une robe chez les Juifs ».

Conclusion : dès lors qu'un mensonge fait alliance avec une haine raciste, xénophobe ou antisémite, il s'installe durablement dans l'inconscient collectif. Ou, pour le dire plus simplement encore : si un mensonge permet de donner une bonne raison pour ne pas aimer quelqu'un et justifier la haine qu'on lui porte, il sera répété, quelle que soit la nullité des arguments qui fondent cette haine. Par exemple à la question pourquoi haïr un Juif, on répond : « Parce qu'il est juif », pourquoi haïr un musulman : « Parce qu'il est musulman », etc. Le mensonge collectif se perpétue dans un discours populiste. Il n'y a qu'un pas à franchir pour en faire un discours d'État et justifier une politique ségrégationniste, voire génocidaire. Une haine collective qui perdure est toujours fondée sur un mensonge. Quand le discours public répète qu'un groupe social est « forcément mauvais », il est urgent de chercher les arguments contraires.

CHAPITRE 9

La vérité peut être dangereuse

Si l'erreur n'est pas reconnue dès les premières évidences, autrement dit si une situation de mensonge n'est pas désamorcée suffisamment tôt, le rétablissement de la vérité peut se faire sous la menace et conduire à des réactions collectives virulentes qui peuvent aller jusqu'à des comportements criminels.

L'affaire Dreyfus est un cas d'école sur les conséquences de la persévérance dans le mensonge. Elle porta ces tensions à l'extrême. L'affaire prit un aspect spectaculaire pour nombre de raisons : elle se prolongea sur plusieurs années, elle affecta tout un pays, impliqua les plus hauts niveaux du pouvoir et entraîna des morts et des blessés par action criminelle.

« Plus cette affaire est finie, plus il est évident qu'elle ne finira jamais », écrivait Charles Péguy. L'affaire Dreyfus a fait et continue de faire l'objet de travaux de recherche qui ont permis la mise au jour et la conservation d'une riche documentation. Il s'agit de comprendre les mécanismes individuels et collectifs à l'œuvre qui ont pu amener à un tel niveau de conflictualité. Malgré ces travaux, l'affaire Dreyfus demeure un puzzle incomplet. Plusieurs éléments restent énigmatiques. Cela lui confère sa part de mystère. Tout est parti d'un bout de papier. On ne sait pas si le mensonge au départ fut crapuleux. Par contre, on peut affirmer qu'il y eut tout de suite et massivement des mensonges par « droiture », c'est-à-dire des mensonges commis par obéissance, par loyauté ou par patriotisme. Il y eut une période de quelques années pendant laquelle la quasi-totalité de la population française avait accepté les mensonges que les plus hautes autorités de l'armée voulurent lui faire avaler. Au début, une unanimité nationale s'opposa au rétablissement de la vérité. Une opposition vigoureuse et parfois meurtrière. Il y eut des tentatives d'assassinat sur la personne de Dreyfus et de son avocat. Émile Zola mourut dans son appartement parisien d'une intoxication au monoxyde de carbone. Ce n'était peut-être pas un accident. Un ramoneur membre de la Ligue des patriotes confia avoir intentionnellement obstrué le conduit de la cheminée pour produire ce résultat. On peut mesurer combien peuvent devenir violents les comportements des partisans d'un mensonge et combien ceux qui veulent établir la vérité s'y engagent au péril de leur vie.

Gloire au menteur patriote

Dans cette affaire, le seul faussaire identifié avec certitude et qui avoua sa responsabilité fut le lieutenant-colonel Joseph Henry. Cet officier était affecté au bureau du contre-espionnage du ministère de la Guerre. Pour accabler l'accusé, il fabriqua des faux documents. Plus les éléments judiciaires paraissaient insuffisants pour maintenir la condamnation de Dreyfus, plus le lieutenant-colonel Henry en apportait de nouveaux qu'il fabriquait lui-même : des télégrammes, des bordereaux, des courriers. Cet artisan faussaire avait peu de génie. Sa maladresse sautait aux yeux. Lorsque le ministre de la Guerre l'interrogea, il avoua après une faible résistance. Une fois que la révélation de son mensonge fut rendue publique, un journaliste inventa une formule singulière : Joseph Henry avait fabriqué des « faux patriotiques ». Sous-entendu : l'officier avait produit des faux pour combattre un ennemi intérieur et protéger son pays. Il avait menti par devoir. À ce moment, le paradoxe du mensonge atteignit un paroxysme. On ne pouvait pas condamner un faussaire qui avait fait son devoir en répondant à des exigences morales impératives. Et, en même temps, il fallait maintenir la condamnation de Dreyfus, bien qu'il fût innocent, pour ne pas déjuger les hautes autorités qui l'avaient accablé. L'affaire parvint au comble du ridicule avec un second procès aux cours duquel, malgré les évidences, les juges maintinrent la culpabilité de Dreyfus, mais cette fois-ci avec des circonstances atténuantes et assorties d'une grâce présidentielle, pour ne pas avoir à exécuter une peine qu'une majorité admettait maintenant comme injuste. À ce moment de l'affaire, l'innocent qui avait dit la vérité était symboliquement maintenu dans sa peine tandis que le coupable qui avait si longtemps menti et fabriqué les faux était absous de ses comportements scélérats.

Engagé comme soldat, Joseph Henry était entré dans l'armée par la petite porte. En trente ans, il avait gravi tous les échelons possibles. Il était noté par sa hiérarchie comme « excellent serviteur, d'un zèle et d'un dévouement absolus », « excellent officier sûr, dévoué et énergique », « excellent officier sur lequel on peut compter en toutes circonstances ». Ces notes sont justes. Lorsqu'il eut à rendre compte de son action de falsification au ministre, voici comment il la justifia : « Je croyais que mes chefs étaient très inquiets. Je voulais les calmer. Je voulais faire renaître la tranquillité dans les esprits. [...] J'ai agi pour le bien du pays. » Quelques heures plus tard alors qu'il était mis aux arrêts, il répéta : « Ma conscience ne me reproche rien. [...] C'était pour le bien du pays. [...] J'ai toujours fait mon devoir. »

Il s'est apparemment suicidé. Il se serait tranché la gorge le lendemain de son incarcération. On a mis en doute la réalité de son acte. Le rapport officiel indiquait qu'il avait été retrouvé mort sur son lit, le rasoir refermé dans sa main gauche alors qu'il était droitier. Ces éléments ont rendu suspecte l'hypothèse du suicide. Si cependant le suicide était avéré, pourquoi avoir laissé cet objet tranchant à la disposition du prisonnier ?

Le paradoxe du mensonge dans cette histoire est spectaculaire. Quoique le lieutenant-colonel Henry ait été l'un des menteurs les plus acharnés dans cette affaire, il fut honoré. On assimila sa mort à un sacrifice. Pas une voix ne s'éleva pour dire qu'il avait commis des actes crapuleux. On le célébra comme un martyr. Il reçut des autorités politiques des éloges républicains. Une souscription nationale recueillit 131 000 francs pour sa veuve ; 25 000 dons furent recueillis pour ériger un monument en son honneur. Rien qu'à travers ce personnage, l'affaire Dreyfus illustre l'incapacité dans laquelle se trouvèrent le peuple, les chefs politiques, les journalistes, à pouvoir discerner le bien du mal dans ce combat du mensonge contre la vérité.

Une erreur qui plaît au plus grand nombre est admise comme une vérité

Le public croit la vérité qu'on lui propose et choisit en général celle qui l'apaise, même si c'est au prix d'une erreur judiciaire. Vouloir corriger l'erreur provoque une réaction hostile de masse. Dans le cas de l'affaire Dreyfus, les partisans de la révision judiciaire furent assimilés à des insurgés. Charles Maurras écrivit qu'il fallait fusiller tous ceux qui soutenaient l'innocence de Dreyfus en raison du tort qu'ils faisaient à l'État, parce qu'ils affaiblissaient la force morale de son armée. Le fossé idéologique se creusait chaque jour davantage entre ceux qui demandaient une révision du procès et ceux qui s'y opposaient. Les tensions sociales devinrent exacerbées. La cohésion nationale se trouva menacée.

Cette histoire fut extraordinaire par les excès qu'elle entraîna. Il y eut une surenchère militaire et médiatique inouïe au point qu'à plusieurs reprises l'affaire sembla close et on put penser que le mensonge avait définitivement triomphé. Les forces déterminées à rétablir l'innocence du condamné durent batailler avec une opiniâtreté courageuse pour inverser la balance judiciaire et faire valoir une vérité que personne n'a ensuite contestée. Pendant quatre années les maladresses se conjuguèrent à l'habileté. Jamais dans l'histoire de ce pays une affaire de mensonge n'eut de telles conséquences politiques. Le bilan historique dépassa de très loin l'enjeu du départ. Le ministre de la Guerre et le chef d'état-major des armées durent démissionner dès la vérité rétablie. Une loi qui reste unique dans son genre fut promulguée pour condamner l'antisémitisme. Une nouvelle force politique apparut, celle des « intellectuels engagés ». La Ligue des droits de l'homme vit le jour à cette occasion. En cinq ans, l'opinion publique avait basculé. Les mouvances catholiques et royalistes, si puissantes en 1894, s'étaient épuisées. Les forces socialistes et laïques revinrent plus vives que jamais. Charles Péguy raconte que, lors de l'inauguration de la sculpture de Jules Dalou place de la Nation, le 19 novembre 1899, la foule cria : « Vive Dreyfus ! » Cinq ans plus tôt, une même foule criait : « À mort le traître ! » Il est paradoxal de constater qu'une fois la vérité rétablie tous les jugements ne se sont pas inversés. Si Dreyfus a été réhabilité, le lieutenant-colonel Henry n'a jamais été considéré comme un traître. Au contraire, il resta massivement honoré.

Les menteurs unis dans la cabale contre Dreyfus

Le personnage au centre de cette affaire n'avait pas de singularité. Le capitaine Dreyfus était un homme brillant, mais sans relief. Il avait 35 ans au début de l'affaire. Il traçait sa trajectoire dans l'élite de sa classe sociale et professionnelle. Il était issu de l'École polytechnique, diplômé de l'École de guerre. Il était un patriote alsacien. Sa famille avait quitté sa province tombée sous domination allemande après la défaite de Sedan. Il était juif, ce qui focalisa sur sa personne l'antijudaïsme déchaîné de son époque. Il venait d'un milieu aisé et sans histoire, ce qui compliqua le problème car on ne put lui trouver le moindre défaut. Accusé, incarcéré puis jugé à la hâte, il fut déporté, réduit au silence et isolé sur un îlot au large de la Guyane. Les mauvaises conditions de sa détention pendant sa déportation l'usèrent. C'est un homme aux cheveux blancs qui fut réhabilité. Il n'eut aucune autre stratégie de défense que de clamer son innocence.

Quelques années plus tôt, le directeur de l'École de guerre, le général de division Jules Abel Le Belin de Dionne, grand officier de la Légion d'honneur, décoré de la médaille de Crimée et d'Italie, avait eu sous ses ordres Alfred Dreyfus. Dans les registres de l'École de guerre figurent les notes que le directeur avait attribuées à l'officier stagiaire. Voici comment le général avait jugé Dreyfus en 1892 : « Caractère facile – éducation bonne – intelligence très ouverte – conduite très bonne – tenue très bonne » ; observations générales « très bon officier, très apte au service de l'état-major ». Six ans plus tard, en juin 1898, appelé à donner son appréciation sur celui qui fut son ancien élève, le même général de division écrivit : « Le sieur Dreyfus a été sous mes ordres à l'École de guerre. Ses manières haineuses et cassantes, ses propos inconsidérés, sa conduite privée fâcheuse lui retirèrent toute estime de ses camarades et de ses chefs. » Qui veut noyer son chien l'accuse d'avoir la rage. Cet exemple illustre de manière édifiante comment les points de vue individuels se transforment pour se conformer à l'opinion générale. Ce qu'a démontré l'expérience de Solomon Asch.

L'affaire démarra sur un fait d'espionnage banal. Un document parvint aux services de renseignement des armées. Il s'agissait d'un papier prétendument ramassé dans la poubelle de l'attaché militaire de l'ambassade d'Allemagne. Ce bordereau anonyme indiquait une liste de secrets de l'armée française qu'un militaire offrait de leur donner. Il est naïf de penser qu'un officier allemand chargé d'espionner l'armée française laissât traîner un document aussi compromettant. On pense aujourd'hui que ce fameux bordereau est un « faux-vrai », une manœuvre d'intoxication de l'adversaire. C'est un officier du contre-espionnage de l'armée française, Ferdinand Esterhazy, qui l'avait rédigé. Son écriture fut identifiée. Plus tard, il reconnut en avoir été l'auteur – ce qui est probablement la vérité – et il affirma l'avoir rédigé à la demande du commandant Henry – ce qui est peut-être un mensonge. Ce qui est sûr, c'est que, tout au long de l'affaire, le chef d'orchestre de ce jeu d'espionnage, le commandant Henry, a obstinément détourné les soupçons qui portaient sur Esterhazy pour les orienter vers Alfred Dreyfus. L'hypothèse la plus probable aujourd'hui, soutenue par de nombreux documents collectés depuis, est qu'Esterhazy, impliqué dans des escroqueries et des placements boursiers hasardeux, avait besoin d'argent et qu'il monnayait aux Allemands des secrets militaires. Bien plus tard, Esterhazy s'est défendu en arguant qu'il apportait aux Allemands une quantité d'informations fausses mêlées à quelques informations vraies, pour donner le change. À son tour, il se protégeait de l'accusation de traîtrise avec l'argument de « faux patriotiques ». En conclusion, celui contre lequel les accusations portèrent le plus longtemps fut celui qui ne mentait pas : Alfred Dreyfus. C'est encore un paradoxe du mensonge de constater que la violence sociale s'est bien plus acharnée sur celui qui n'en avait pas fait usage.

Le loup et l'agneau

Dans la fable, l'agneau priait le loup de ne pas se mettre en colère lorsqu'il lui démontrait son innocence. Le loup ne s'embarrassa pas des évidences. Il emporta l'agneau et le dévora, « sans autre forme de procès ». Ce fut le même procédé pour Dreyfus. Au vu du bordereau, l'état-major des armées réagit à la hâte. Le chef du bureau de contre-espionnage accusa le brillant officier juif qu'on lui désignait. Tout se décida en quelques jours. Même si deux des cinq experts graphologues déclarèrent que ce n'était pas l'écriture du capitaine Dreyfus, même si l'officier qui l'interrogea pendant trois jours rapporta qu'il n'y avait aucun élément probant permettant de l'accuser, le ministre de la Guerre fit cette déclaration : « Nous avons identifié et arrêté le traître. » Sous la pression médiatique, il dut quelques jours plus tard donner encore plus de détails : « Il s'agit d'un officier juif [ce qui était vrai] » ; « Il a reconnu sa culpabilité [ce qui était faux] ». Un mensonge conjugué à une vérité décuple la force du mensonge. Seul l'accusé clamait son innocence. Le procès fut truqué puisqu'on apporta des pièces secrètes au moment de la délibération, des faux documents que personne n'eut le droit d'examiner. Le condamné fut déporté sur l'île du Diable au large de la Guyane. « Juif », « traître », « diable », « bagne », tous les mots collèrent pour qu'il n'y eût plus le moindre doute sur la vérité qu'il fallait imposer. D'où un principe : lorsque la vérité colle si bien et qu'elle est produite sans débat, elle devient douteuse.

L'émotion populaire alimenta fortement le développement de cette histoire. L'envie, la jalousie, la haine, l'antisémitisme et la colère s'y mêlèrent. Depuis longtemps, la presse nationaliste s'indignait de la présence de Juifs dans l'armée. La désignation de Dreyfus comme traître ravit tous ceux qui jalousaient la réussite des Juifs. Édouard Drumont clama : « On l'avait prédit ! » On offrit à la foule des jaloux le spectacle public de la dégradation de l'officier. Décrivant une « tête chafouine et blafarde », Léon Daudet lisait sur le visage du condamné les stigmates de sa culpabilité : « Il n'a plus d'âge. Il n'a plus de nom. Il n'a plus de teint. Il est couleur traître. » Dans *Scènes et doctrines du nationalisme*, Maurice Barrès montra son plaisir et celui de la foule à assister à cette scène : « C'était un spectacle plus excitant que la guillotine. » Par instinct, la foule déteste qu'on touche à « sa » vérité, et le coût humain pour rétablir la réalité des faits devient exorbitant.

CHAPITRE 10

L'art de tromper : le caméléon à plumes

L'art de tromper l'autre et d'en tirer profit existe depuis la nuit des temps. L'imposteur est quelqu'un qui se fait passer pour celui qu'il n'est pas. Il vit dans le mensonge comme un poisson dans l'eau. Il y a probablement beaucoup d'imposteurs que nous ne voyons pas. L'imposture réussie est invisible. Elle réalise une forme paradoxale d'adaptation sociale. Si elle est habile, la supercherie peut durer longtemps. Elle ne devient un problème que lorsqu'elle est prolongée et mal adaptée.

L'imposteur est nécessairement doué. Il est auteur et acteur d'un personnage qu'il compose à partir de plusieurs histoires. Il faut beaucoup de sensibilité, de finesse, de persévérance et d'intelligence pour tenir longtemps une telle improvisation. L'imposteur prend la peau d'un personnage qu'il transforme à partir d'éléments imaginaires ou copiés sur d'autres. C'est un arlequin. Il se fabrique un costume multiforme, tantôt terne, tantôt chatoyant selon les circonstances. Sa stratégie d'imitation fonctionne comme un passe-partout. Il peut s'adapter en quelques heures à un milieu qui n'est pas le sien. Le pauvre se fait riche, l'inconnu se fait célèbre. Mais c'est une posture sans repos. Comme un caméléon, l'imposteur doit s'adapter dès qu'il change de milieu. C'est un effort de tous les instants d'ajuster son identité en fonction de contextes sociaux changeants. Raconter et répéter ces mensonges exige d'être toujours cohérent. C'est une course épuisante. La quête de l'imposteur n'a pas de fin, car lui-même ne sait pas où il va. Il doit sans cesse contrôler et simultanément improviser. Au moindre faux pas, son masque peut tomber. L'imposteur opère aux limites du possible. Il réalise simultanément un délit et un exploit. C'est un acteur qui joue son rôle jour et nuit, partout, en ville et chez lui. Il donne vie à un personnage virtuel qui disparaît s'il cesse de l'incarner.

La difficulté majeure pour l'imposteur est la maîtrise des limites du personnage qu'il fabrique. En société, il brille et doit rester plausible. En général, il se construit un passé qui le met en valeur. Il invente dans les extrêmes. Soit il cherche l'apitoiement de ses auditeurs et raconte qu'il a eu une enfance pauvre, des privations et des mauvais traitements, qu'il a survécu à un incroyable accident qui a emporté une partie de sa famille. Soit il se valorise avec des biens et des qualifications qu'il n'a pas. Il raconte des exploits qui ne sont pas les siens. Il a été pilote de ligne, il a possédé des voitures de course, il a gagné des compétitions sportives, il a visité beaucoup de pays, il a un bateau dans un port lointain… autant d'histoires qu'il peut raconter pour obtenir l'estime de ceux qui l'écoutent. Personne ne pense à vérifier ces informations, car personne n'imagine que ces déclarations puissent avoir une incidence sur leur quotidien. Sauf qu'elles offrent à l'imposteur un puissant pouvoir de persuasion et de manipulation. Il fait intrusion dans un milieu sans qu'il y ait de réactions de rejet.

Son bénéfice est multiple. Il attire l'empathie de ceux qui l'écoutent. Il en est réconforté. Il est en compagnie, toujours au centre du groupe qu'il parasite. Cela le rassure. C'est là son point faible, rien ne lui fait plus peur que d'être mis à l'écart, c'est la raison pour laquelle il maîtrise si bien l'art de l'imitation et du camouflage.

L'instinct mimétique

Dans le règne du vivant, le mimétisme est un mécanisme d'adaptation très répandu. Cette disposition est innée chez les insectes. Un papillon copie l'écorce d'un arbre et devient invisible à ses prédateurs. Un phasme balance son corps et devient semblable à une brindille qui ondule sous le vent. La mante-fleur ressemble à l'orchidée sur laquelle elle s'est installée, elle dévore l'insecte qui se hasarde à la butiner. Certains oiseaux savent imiter les chants d'animaux d'une espèce différente. Ils connaissent ainsi leur environnement en fonction des réponses qu'ils reçoivent. D'autres oiseaux usent de tromperies. On a observé qu'une pie, lorsqu'elle sait qu'elle est observée par une congénère, peut placer ses graines dans un endroit puis attendre que l'oiseau-espion s'éloigne pour alors reprendre ses graines et aller les cacher ailleurs. Contrairement à ce qu'on a longtemps cru, un animal sait dissimuler son comportement. Le mensonge est le propre de l'homme parce qu'il est un être parlant. Mais la tromperie, qu'elle soit instinctive ou volontaire, est bien présente dans le monde animal.

Le cas du coucou est riche d'enseignements. Son mode de vie est un modèle d'imposture à l'échelle animale. Déjà la femelle coucou peut modifier le motif de son œuf pour le confondre avec d'autres œufs dans le nid d'une espèce différente. Ensuite, le coucou a une aptitude spectaculaire à exploiter toute faille dans le comportement des autres oiseaux. En voici l'exemple le plus frappant.

La femelle coucou surveille les nids des oiseaux d'une autre espèce : les fauvettes le plus souvent. Dans un premier temps, elle repère un nid avec des œufs. Elle attend que la fauvette en quête de nourriture abandonne provisoirement sa couvée. La femelle coucou s'y installe. Elle gobe un des œufs de la fauvette et lui substitue le sien, nettement plus gros mais avec un motif semblable. Puis elle s'en va pour toujours, laissant son œuf aux soins de la fauvette. De retour dans son nid, la fauvette ne s'aperçoit pas qu'il a été parasité. Elle y reprend ses activités comme si de rien n'était. Elle couve l'œuf puis élève le petit coucou avec la même ardeur que si elle avait été sa mère. L'oisillon du coucou peut atteindre une taille dix fois plus grosse que celle du petit de la fauvette. Mais la fauvette semble aveugle à cette monstruosité. Sorti de son œuf, l'oisillon du coucou entreprend d'éjecter les œufs de la fauvette pour devenir l'unique locataire du nid. Une fois encore la femelle fauvette semble être indifférente à cette réduction du nombre d'œufs, alors qu'en temps ordinaire, lorsque son nid n'est pas parasité, elle est très réactive si le nombre de ses œufs venait à être modifié.

Le comportement de la fauvette en présence du coucou illustre un aspect spectaculaire et presque incroyable d'un animal face à une supercherie : il s'obstine à se comporter comme s'il n'y en avait pas, alors que des indices évidents sont sous ses yeux. Nous pouvons désigner ce comportement de tolérance à la supercherie de l'autre, cette forme d'aveuglement, comme l'« effet fauvette ». C'est un effet puissant. Le coucou détourne aussi l'instinct des oiseaux riverains du nid où il a été installé. On a observé que des oiseaux de passage, ni fauvette ni coucou, pouvaient détourner leur vol pour aller donner le contenu de leur becquée à un oisillon de coucou. Ses cris de faim et la tache rouge vif au fond de son bec grand ouvert agissent comme un stimulus impératif. Cet exemple animalier illustre la force cachée de l'imposteur : sa capacité à contraindre l'environnement à détourner à son profit des ressources qui ne lui sont pas destinées. Ce comportement animalier nous éclaire sur l'attitude humaine face au mensonge.

L'effet fauvette

Si l'effet fauvette se décline en de multiples illustrations, une des plus étonnantes est l'histoire de Frédéric Bourdin. Cet homme aux cinq cents identités d'emprunt maîtrisait parfaitement la posture et le comportement d'un adolescent traumatisé. Ce n'était pas un rôle de composition. On a repéré dans son enfance des carences affectives et éducatives. Il avait connu l'expérience des placements en foyer. Doté d'une intelligence au-dessus de la moyenne, il avait analysé le fonctionnement de ces institutions ainsi que la psychologie des éducateurs qui y travaillaient et il avait su en tirer profit. Il s'installa alors dans un comportement de fugueur. Il entra dans une course d'existence chaotique, prenant de multiples identités améliorées au fil de son expérience. Durant une quinzaine d'années, il fit le tour des foyers d'Europe en se faisant passer pour un jeune garçon errant en quête d'un repas et d'un toit. Il se rendit célèbre par une imposture spectaculaire : il prit l'identité d'un jeune Américain disparu quatre ans plus tôt à l'âge de 13 ans. Nicholas Barclay était un enfant pâle, blond aux yeux bleus, supposé avoir 17 ans. Frédéric Bourdin avait à cette époque 24 ans, le teint mat, il était brun aux yeux noirs. L'imposture sautait aux yeux. Cependant la mère et la sœur de Nicholas Barclay s'obstinèrent à reconnaître en lui l'enfant disparu. Pendant plusieurs mois, elles l'accueillirent et lui fournirent toutes les informations nécessaires pour maintenir son personnage fictif lors des interrogatoires qu'il eut à subir de la part des enquêteurs sociaux pour lesquels la supercherie parut évidente dès les premiers jours. Il réclama d'être soumis au détecteur de mensonge et fut suffisamment maître de ses émotions pour tromper l'appareil. La police obtint qu'il passât un test génétique qui le démasqua. Il reconnut la supercherie, on le condamna à six ans de prison. De retour en France, il tenta d'autres impostures, mais fut rapidement démasqué. Lors de sa dernière imposture, l'effet fauvette fut là encore spectaculaire. La puissance de cet effet permit à Frédéric Bourdin de tromper sur une longue durée des dizaines d'éducateurs. Ce fut dans un internat à Pau. Il se présenta sous le nom d'emprunt de Francisco Hernandez Fernandez. Alors qu'il était déjà âgé de 30 ans, il se fit passer pour un adolescent de 16 ans perdu, amnésique et sans foyer. Les services sociaux le placèrent dans une institution pour enfants en détresse. Il s'intégra sans difficulté à une classe de quatrième au milieu d'élèves qui avaient la moitié de son âge. Pour se masquer, il usait de multiples stratagèmes qu'il avait déjà bien rodés : des vêtements trop grands, une casquette pour cacher sa calvitie débutante, une crème dépilatoire pour masquer sa barbe, une voix infantile et bredouillante, une timidité excessive pour obtenir d'être seul dans une chambre et de ne pas avoir à se déshabiller en public. La supercherie se prolongea un mois sans que les autres élèves, les professeurs ou la direction de l'établissement manifestent le moindre doute. Comme la fauvette dans l'exemple du coucou, leurs capacités à se douter d'une supercherie étaient annihilées. Tout l'encadrement de cette école fut subjugué. Le masque tomba parce que l'imposteur était cabotin. Il aimait la célébrité et s'était vanté de ses exploits dans des émissions télévisées. Une employée de l'administration du foyer fit le lien entre Frédéric Bourdin qui fanfaronnait dans les médias et Francisco Hernandez Fernandez, l'adolescent silencieux admis un mois plus tôt. Ce fut la fin de l'imposture. Un matin la gendarmerie se présenta aux portes de l'établissement qui l'hébergeait. Frédéric Bourdin se dévoila sans résistance. Il ne prononça qu'une seule phrase : « Je demande un avocat. » Les témoins de cette scène racontèrent leur stupéfaction devant la métamorphose qui venait de se produire sous leurs yeux. Alors que quelques minutes plus tôt ils étaient face à un adolescent, ils avaient maintenant devant un eux un adulte. L'évidence leur apparut d'un coup. Ils furent saisis d'une même interrogation : comment n'avons-nous pas été capables de détecter une telle supercherie ?

La fin de cette imposture résulta du comportement de parade de l'imposteur. Plus que tout, il voulait qu'on distinguât son excellence de caméléon. C'est comme s'il avait voulu ajouter une plume à son déguisement pour qu'on le remarque malgré son camouflage. C'est là encore un paradoxe : le menteur se cache derrière une imposture qu'il maîtrise, mais plus il est performant dans son jeu, plus il souffre de ne pas être reconnu pour ce qu'il est. Il multiplie alors des conduites d'échec pour se faire identifier. D'où sa trajectoire sociale instable malgré le talent de ses supercheries. L'effet fauvette est persistant. Il affecta aussi l'administration, qui offrit à Bourdin une clémence que rien n'imposait. En 2015, six ans après ses derniers exploits, Frédéric Bourdin obtint du tribunal correctionnel de Pau que fût effacée une partie de son casier judiciaire. Il y a une forme de sagesse dans cette décision. On peut laisser mentir un imposteur à partir du moment où il a reconnu qu'il ment. À chacun ensuite de prendre ses responsabilités face aux ruses du menteur.

La plume de trop

On m'avait demandé un jour de recevoir en consultation un soldat, jeune engagé, élève sous-officier en première année de formation. Je devais donner mon avis sur son aptitude à poursuivre sa formation compte tenu des difficultés qu'il avait exprimées auprès de ses cadres. Il leur avait confié son désenchantement. Il trouvait que l'école n'était pas assez militaire, que la discipline manquait de rigueur, que les traditions n'étaient pas respectées. Lors de l'entretien, il me confia qu'il rêvait depuis l'enfance d'entrer dans l'armée. Je lui posai quelques questions sur son histoire personnelle puis sur sa motivation pour entrer dans une carrière militaire. Ses réponses furent simples. Il me parla d'un grand-père ancien résistant, médaillé de guerre, personnage valeureux devenu maire de la commune dont il était originaire, qui lui avait transmis les valeurs militaires qui motivaient sa vocation. Je jugeai la situation ordinaire. Comme il exprimait le désir de continuer ses études malgré sa déception, je lui laissai la possibilité de continuer et lui proposai de revenir me voir en cas de difficulté. Il n'y en eut aucune pendant les deux années qui suivirent.

Puis il me fut à nouveau adressé en consultation dans des circonstances tendues. On me demandait de gérer la crise provoquée par une imposture démasquée. Pendant les deux années écoulées, il avait tricoté toute une histoire sur son passé. Il s'était fait passer pour un ancien élève d'une grande école militaire contraint d'abandonner son cursus après un très grave accident de la route qui l'avait rendu invalide pendant plusieurs mois. Il racontait qu'il avait été renversé par un bus, qu'il avait eu des fractures multiples au niveau de la jambe, qu'il avait évité de justesse une amputation, que son avenir militaire avait été compromis, qu'il avait démissionné, mais qu'il avait eu des remords et que finalement il s'était présenté au concours d'entrée de cette école de sous-officiers. Fort de ces déclarations, il était devenu un personnage en vue, admiré et respecté des autres élèves. Il avait même gagné la confiance de l'officier général qui commandait l'école et lui accordait le privilège de quelques confidences. Puis, un jour, un cadre intrigué voulut vérifier son histoire. À l'examen médical, sa jambe ne portait aucune cicatrice et la radiographie montrait des os de la jambe indemnes. C'était suspect, mais l'élève mis en cause parvint à se prévaloir d'une cicatrisation parfaite. Avec une suspicion renforcée, le cadre se mit en quête du *Journal officiel* qui donne chaque année la liste des candidats reçus au concours des grandes écoles militaires. L'élève qui se vantait d'avoir été admis n'y figurait pas. Il inventa de semaine en semaine mille prétextes pour se justifier, luttant avec acharnement contre les évidences que pointait ce cadre inquisiteur. Au départ, il n'y eut aucune solidarité des autres cadres vis-à-vis de leur collègue sourcilleux. La réaction d'ensemble du corps enseignant de l'école fut d'abord de résister à cette enquête. Leur crainte était que, en démasquant l'imposture de l'élève, on démasquât aussi la crédulité des cadres. Leur autorité morale était menacée. Par peur du ridicule, l'effet fauvette persista. Mais la situation de l'imposteur était compromise. Les cadres et les autres élèves finirent par prendre de la distance. L'imposteur s'obstina contre l'évidence de sa supercherie. Il affirma que c'était une erreur, qu'il avait bien été admis, mais sur une liste complémentaire jamais publiée, qu'il était victime d'une erreur de l'administration, qu'il pouvait en apporter la preuve avec des documents officiels, que ces documents étaient dans une malle, mais que la malle avait été prêtée à un ami, que cet ami avait déménagé, qu'il était impossible pour lui d'y avoir accès dans les délais demandés…

Il fallut plusieurs entretiens psychiatriques pour le convaincre que la seule façon de sortir de cette impasse, c'était de s'incliner devant une réalité devenue manifeste aux yeux de tous. Puis il lâcha : « C'est vrai, j'ai menti… » Pour justifier ses mensonges, il se mit à en produire de nouveaux : qu'il avait eu un accident, mais pas avec un bus… Que son père avait été très malade… Qu'il avait dû inventer cette histoire pour lui remonter le moral… Finalement, il nous montra qu'il ne pouvait pas se résoudre à la réalité de son récit. Il n'eut pas d'autre possibilité que de quitter l'armée. Son acharnement à vouloir se créer une histoire plus belle que celles des autres le perdit.

Une imposture, si elle se prolonge, devient un piège qui se retourne contre celui qui l'a initiée. Plus tôt on se défait d'un mensonge, mieux on s'en sort.

L'imposture repose sur les qualités de comédien d'un individu, une force de persuasion hors du commun mais aussi sur l'envie d'un groupe de croire à une histoire. Il n'y a pas d'imposture sans consentement des spectateurs. L'effet fauvette réunit l'imposteur et son auditoire dans une dynamique relationnelle aux effets subtils.

PARTIE III

Les systèmes à mensonges

CHAPITRE 11

La crédulité est contagieuse

Les grandes impostures de l'histoire sont caractéristiques de l'effet fauvette à l'échelle d'un groupe. Entre 1831 et 1836, un homme mystifia des dizaines de familles. Lorsqu'il apparut à Berlin en 1810 il dit s'appeler Karl-Wilhelm Naundorff. On n'a aucune trace de son acte de naissance. Ni les incohérences flagrantes de son récit ni les excès spectaculaires de son comportement ne purent empêcher qu'il parvienne à se faire accueillir à Paris comme un monarque et obtienne d'une petite cour un dévouement sans limite et des dons pécuniaires considérables.

L'imposteur prend les habits que lui offre la rumeur

Né en 1785, Louis-Charles était le fils héritier de Louis XVI, roi de France. Il prit le titre de dauphin à l'âge de 4 ans, après la mort de son frère aîné. À la Révolution française, il fut enfermé dans la prison du Temple avec la famille royale. Deux ans plus tard, à l'annonce de l'exécution de son père, sa mère et sa sœur s'inclinèrent devant lui et le reconnurent comme leur nouveau roi. Le dauphin prit le nom de Louis XVII. Ce fut son malheur. Il n'avait que 6 ans, mais son existence menaçait le fragile ordre républicain. Ses conditions de détention se durcirent. Sa chambre devint un cachot. Il mourut de privations après quatre années d'isolement cellulaire. Sur mandat du gouvernement, quatre médecins établirent le constat de décès. Son corps fut autopsié puis jeté à la fosse commune du cimetière Sainte-Marguerite.

L'anxiété collective de la population fit naître l'espérance d'un retour à la royauté pour mettre fin à la terreur révolutionnaire. La rumeur se développa que l'enfant mort à la prison du Temple n'était pas le dauphin et que Louis XVII avait survécu. Les oracles se multipliaient. Des visionnaires comme Thomas Martin se firent connaître par des prédictions annonçant la réapparition prochaine du roi disparu. C'est dans ce contexte d'attente et d'espérance collective qu'apparurent plusieurs faux dauphins. Le premier à faire parler de lui avait pour nom Jean-Marie Hervagault, il circulait sous de nombreuses identités d'emprunt, toujours issues de la noblesse. Il y eut aussi Mathurin Bruneau. L'un et l'autre parvinrent à escroquer quelques crédules, puis furent arrêtés au bout de quelques années. Le premier mourut à l'asile de Bicêtre, l'autre à la prison du Mont-Saint-Michel.

Les aliénistes inventèrent pour ces imposteurs une catégorie médicale particulière : les « interprétateurs filiaux ». Ils leur attribuèrent des traits de personnalité spécifiques : ces imposteurs sont des vagabonds de l'imagination. Ils sont intelligents. Ils rêvent de grandeur. Ils ont une forte vanité. Ils sont animés d'une sensibilité excessive. Ils se complaisent à échafauder des fictions ambitieuses. Une phrase résume leur attente, que l'un d'entre eux avait déclarée à Jean-Étienne Esquirol, le grand aliéniste du moment : « On a beau me renier, on ne peut me méconnaître. » Autrement dit : peu importe que vous me preniez pour un menteur, vous devez me traiter à l'égal de ce que je déclare.

« Sachez que je suis prince de naissance »

On ne remonte pas la trace de Karl-Wilhelm Naundorff au-delà de 1810, date à laquelle il s'est installé comme horloger-colporteur à Berlin. Son parcours est révélateur de son instabilité. On sait qu'en 1818 il s'est marié à Spandau à une orpheline de 16 ans. Le registre du mariage donne quelques indications déclaratives : Naundorff est né à Weimar, il est de religion protestante et il est âgé de 43 ans, ce qui par déduction indique qu'il a dix ans de plus que n'aurait eu à cette date le fils de Louis XVI. Mais il n'est pour l'instant aucunement question d'une ascendance royale. En 1825, résidant à Brandebourg, il est impliqué dans une affaire de fausse monnaie puis incarcéré. C'est dans ce moment d'épreuve judiciaire qu'il déclare au juge qu'il descend d'une famille de haut rang, mais il ne dit pas laquelle. Cela ne l'empêche pas d'être condamné à trois ans de prison. Au cours de sa détention, il s'oppose à un geôlier, ce qui lui vaut un châtiment corporel de quinze coups de fouet. C'est alors qu'il fait, pour la première fois, cette déclaration : il dit se nommer *Ludwig Bourbong*, prince, natif de Paris, élevé en Amérique, puis revenu en France et séquestré dans une forteresse jusqu'en 1809 d'où il s'évada pour se rendre en

Allemagne, apprendre l'horlogerie et s'installer à Berlin. Son récit est embrouillé d'histoires invraisemblables : survie dans des forêts, traversée de mers sous les tempêtes, enlèvements, séjours dans des cachots, tortures qui l'ont défiguré, tentatives d'assassinat, bandits masqués, jeunes filles qui meurent, maisons qui s'effondrent... L'historien Georges Lenotre, qui s'est attaché à vérifier chaque référence de cette histoire, résume la structure du discours de Naundorff : une suite décousue de faits rocambolesques, mais pas une désignation de lieu, pas un nom laissant prise à une vérification.

Sorti de prison, Naundorff donne de l'épaisseur à son personnage de dauphin. Il s'installe dans la petite ville de Crossen et se fait inscrire comme catholique. Il se documente sur l'histoire de la famille royale. Il donne des prénoms royaux à son quatrième et à son cinquième enfant : Marie-Antoinette et Louis-Charles. Il dit partout qu'il est le roi légitime de France. Un de ses amis le signale à la *Gazette de Liepzig*, laquelle, dans son numéro du 16 août 1831, annonce la présence dans la ville du fils de Louis XVI. Cet article est reproduit dans un journal français et va attirer la fauvette n° 1 de cette histoire : un avocat de Cahors nommé François Albouys.

La coalition des ambitieux

La bibliothèque de Cahors a conservé l'ensemble de la correspondance que François Albouys lui a léguée, laquelle constitue une riche source documentaire pour comprendre le mécanisme partagé entre un imposteur et celui qui l'aide à usurper la place convoitée. Albouys avait été nommé juge d'instruction à Cahors sous Charles X, mais avait démissionné à l'avènement de Louis-Philippe. Il appelait de ses vœux le retour de la monarchie légitime. Il croyait à la rumeur de la survie du dauphin. À la lecture de l'article du journal, le magistrat comprit immédiatement qu'il y avait un intérêt à être le premier soutien de Naundorff, pour obtenir du roi rétabli un poste de ministre. D'où l'idée qu'il n'y a pas que l'imposteur qui soit ambitieux. Il coalise les ambitions conjuguées de ceux qui le servent avec l'espoir d'obtenir en récompense un partage des profits.

François Albouys écrit à Naundorff et lui enjoint de se rendre à Paris. Naundorff répond qu'il est sans le sou. Albouys expédie 150 francs. Naundorff part avec 20 francs et il laisse le reste à sa famille. Auparavant il rédige un document par lequel il élève Albouys à la dignité de « chargé d'affaires ». C'est une promesse qui ne coûte rien et accroît l'emprise de l'imposteur sur le gogo qu'il va manipuler à son aise.

Cependant Naundorff ne se rend pas à Paris. Son voyage qui ne devait durer que deux semaines se prolonge pendant plus d'un an. Pour expliquer ce délai, il raconte qu'il est passé par la Bretagne. On trouve la trace d'un séjour de deux mois dans un hôtel à Genève d'où il écrit à Albouys qu'il est bloqué en Suisse faute d'argent. Il réclame 1 000 francs pour continuer sa route. Albouys a des doutes et demande à un de ses amis genevois, M. d'Aulnois, d'enquêter sur le prétendu Louis XVII. La réponse parvient à Cahors fin novembre 1832 : « Tout cela est d'une duperie incroyable. Moi aussi on a cru devoir me mettre à contribution. Il y a là ou de l'espionnage, ou de la friponnerie. Croyez que j'ai vu les choses de près. » Albouys est secoué par cette révélation et demande à Naundorff des preuves. Celui-ci répond qu'il les a en sa possession. En mai 1833,

Albouys toujours inquiet expose par courrier ses attentes et ses doutes à Chateaubriand. Le grand monsieur lui donne une réponse claire : « Je ne puis donner aucun renseignement sur Louis XVII ; je le crois mort depuis de longues années… », à laquelle il ajoute une recommandation pertinente : « Je vous engage à garder votre argent et à vous défier des fripons, fort communs dans ce bas monde. » Réflexe de fauvette, Albouys néglige ces différents signaux d'alarme. Apprenant l'arrivée imminente de Naundorff à Paris, Albouys passe à l'action et rédige une proclamation pour annoncer aux Français le miraculeux événement.

Au royaume des crédules, les manipulateurs sont rois

Enfin Albouys reçoit de Naundorff l'indication qu'il est arrivé à Paris et qu'il est descendu à l'hôtel d'Orléans mais dans l'impossibilité d'y payer sa pension. Celui qui se présente maintenant comme *Louis-Charles, roi légitime de France* demande à son chargé d'affaires une avance de 1 000 francs et lui donne l'ordre d'envoyer 800 francs à Zurich pour y régler des dettes. Albouys fait héberger provisoirement Naundorff chez son frère et veut voir les preuves. Naundorff ne prend pas de risque. Il le rassure avec deux déclarations. La première : tous les documents attestant de son lignage, dont une lettre de Louis XVIII et une autre du duc de Berry, sont restés à Crossen en Allemagne, il suffit d'aller les chercher. Le voyage prendra du temps. Cela lui offre un court répit. Seconde affirmation : il a sur le corps des marques qui le feront immédiatement reconnaître par sa sœur, la duchesse d'Angoulême, survivante de la prison du Temple. Là encore il ne s'expose pas, la duchesse d'Angoulême ayant refusé systématiquement toutes les sollicitations des faux dauphins.

Albouys conduit Naundorff chez Lasne, le dernier gardien du fils de Louis XVI qui confirme que l'enfant est mort dans ses bras. Pressé de se rétracter, le vieil homme déclare qu'il souhaite se tromper. Cette hésitation est rendue publique comme une confirmation que Naundorff est bien Louis XVII.

Le 18 août 1833, on fait venir Mme de Rambaud, l'ancienne nourrice du dauphin. Dans le courrier qu'il adresse à sa femme ce même jour, Albouys laisse ce compte rendu : « Elle le reconnaît et lui montre le portrait de la reine telle qu'elle était au Temple. Notre ami est saisi d'une vive émotion qu'il ne peut simuler. » C'est le seul témoignage contemporain de cette rencontre. Puis on ajoutera plus tard l'épisode du petit habit : Mme de Rambaud aurait présenté à Naundorff un vêtement que portait le dauphin et celui-ci lui aurait donné des indications que seul le dauphin pouvait connaître. Deux jours plus tard, Naundorff est présenté à l'aristocratie. Mme de Saint-Hilaire organise une soirée à laquelle il accepte de paraître. Il faut financer le voyage à Crossen où Naundorff a donné des indications très précises sur les preuves de sa royale ascendance. Naundorff n'est pas pressé qu'on les trouve et propose de différer le voyage à l'année suivante.

En attendant, on ajoute une autre histoire. Celle d'un trésor immense constitué par les Bourbons de France, d'Espagne et de Naples, un trésor « si immense qu'on pouvait en extraire sans peine de quoi payer dix fois les dettes de la France ». Un dénommé Jean-Baptiste Brémont qui prétend avoir rempli les fonctions de secrétaire auprès de Louis XVI aurait reçu de la bouche du roi la confidence de l'existence de ce trésor. Ce même Louis XVI aurait eu dans son bureau un tiroir secret où il cachait les objets en or pour constituer ce trésor. Brémont déclare qu'il connaissait l'existence de ce tiroir secret et que Naundorff lui avait donné des indications suffisantes pour attester qu'il partageait ce secret que seul Louis XVI aurait pu lui confier… Preuve qu'il était bien le dauphin. Vérification faite par plusieurs historiens, le nom de Brémont ne figure sur aucun document pouvant valider qu'il ait eu des fonctions de secrétaire auprès de Louis XVI. Cette histoire est invraisemblable. Peu importe, les fauvettes en font leur miel. Les dons affluent. On a estimé à 100 000 francs les sommes collectées, auxquels il faut ajouter de très nombreux bijoux et montres en or, destinés à grossir le trésor.

La mascarade de trop

Entre-temps, à la fin de l'année 1833, la belle-sœur d'Albouys a fait le voyage à Crossen. Elle en revient dévastée. Les preuves avancées depuis deux ans par Naundorff sont inexistantes. Naundorff s'en sort par une mascarade. Il abandonne l'hébergement qu'il recevait rue de Buci pour un autre qui lui est offert rue du Bac. Le soir du 28 janvier 1834, après un souper chez Mme de Rambaud, il annonce son intention de faire une course et demande à la faire seul. Une heure plus tard, il reparaît les habits déchirés. Il dit avoir été agressé place du Carrousel par deux inconnus et avoir reçu plusieurs coups de poignard dont un dans la région du cœur. Il n'est examiné par un chirurgien de l'hôpital de la

Pitié que trois jours plus tard. Celui-ci constate une plaie superficielle de 3 centimètres et demi de long et 2 millimètres de profondeur. Peu importe la mascarade, l'émotion est vive. La tentative supposée d'assassinat est considérée comme une preuve supplémentaire de son identité royale. Les crimes du passé sont réinterprétés en sa faveur. Son entourage fait comprendre que le duc de Berry avait été assassiné treize ans plus tôt parce qu'il avait déjà été en contact avec Naundorff, l'avait reconnu comme l'enfant du Temple et avait parlé de son existence à Louis XVIII.

Mais au fil des mois les doutes s'accumulent dans le cercle de ses partisans et les preuves que Naundorff ne cesse de promettre sont toujours inexistantes. Dans une fuite en avant, il engage l'action de trop, celle qui le fera chuter. En juin 1836, il assigne la duchesse d'Angoulême et le roi Charles X à comparaître devant le tribunal civil de la Seine « pour qu'il fût, contradictoirement avec eux, déclaré être le fils du roi Louis XVI et de la reine Marie-Antoinette ». Deux jours plus tard, il est arrêté. Après un emprisonnement de quelques semaines, il est conduit à Calais pour être exilé en Angleterre. Il s'y fait connaître par un nouveau talent : il se déclare prophète et messie d'une nouvelle religion. Il publie, sous la dictée des anges, *Révélations sur les erreurs de l'Ancien Testament.* Pendant ce temps à Paris, ses anciens partisans reconnaissent dans une déclaration qu'ils ont été victimes d'une « audacieuse fourberie » de la part de celui qui se prétendait Louis XVII.

Règle de l'imposture : persévérer quelles que soient les preuves

Il survit quelque chose de cette imposture, comme si cette escroquerie spectaculaire à grande échelle ne pouvait se terminer. Naundorff finit ses jours au royaume des Pays-Bas où on l'autorisa à porter le nom de Bourbon. Il mourut en 1845 et fut enterré à Delft. Sa tombe porte la mention Louis XVII. Sa descendance continue à porter ce nom et à revendiquer leur ascendance royale. En 1998, une analyse génétique comparait l'ADN d'une descendante de Marie-Antoinette à celui d'un os prélevé dans la tombe de Naundorff. Les résultats excluent toute parenté. Quinze ans plus tard, les descendants de Naundorff produisent une nouvelle analyse ADN qui reconnaît une possible filiation génétique, mais sans préciser que ce niveau de filiation est retrouvé chez 60 % de la population française, donc d'un niveau de preuve très insuffisant. L'ultime argument de son héritier actuel est : « Comment a-t-il pu convaincre autant de personnes s'il était l'usurpateur qu'on prétend qu'il était ? » La réponse est dans l'effet fauvette qui conjuguait une émouvante espérance, une dose de crédulité, une perte du discernement et l'opportunisme de quelques-uns.

CHAPITRE 12

Ce que cachent les aveux d'un tricheur

J'ai été médecin sur une base de transit à Cayenne. Nous étions en fin de mission. J'avais accompagné des troupes de marine et nous étions remplacés par une compagnie de la Légion étrangère. Une nuit un légionnaire avait quitté le camp sans permission. Il avait placé son polochon sous les draps de façon à simuler la silhouette d'un homme endormi. Il avait escaladé le mur d'enceinte. Il voulait retrouver une femme. Il avait escompté rentrer avant le jour, mais dans les bras de sa belle il ne s'était pas réveillé à temps. Il revint au petit matin. La sentinelle le prit sur le fait. J'appris cette histoire en milieu de journée lorsque j'avais demandé pourquoi un légionnaire depuis une heure, seul, le dos chargé d'un lourd sac, faisait en plein soleil des tours de caserne au pas de course. Comme je faisais remarquer que ce genre de punition n'était pas réglementaire, le médecin de la Légion me fit cette réponse laconique : « Pas vu, pas pris. Vu, pendu. » Nul autre que moi ne semblait surpris par cette scène. Pas même le légionnaire fautif qui acceptait stoïquement sa peine. Son visage marquait la concentration sur son effort. Ses camarades passaient avec indifférence. Bref, c'était une scène ordinaire.

La morale de cette histoire est la suivante : tu peux tricher à la seule condition de ne pas te faire prendre. Elle peut paraître cynique mais elle est réaliste. Elle nous éclaire sur nos attitudes face aux mensonges et à la tricherie.

De la nécessité – ou non – de la triche

La tricherie, c'est l'effort adapté à une performance que l'on ne peut pas réaliser sans une transgression. La question qui vient en premier est celle de la nécessité de cette performance. Le légionnaire avait un désir amoureux. Rien d'anormal en cela. D'un point de vue physiologique, c'est même sain. Est-ce que sa transgression a porté préjudice à autrui ? *A priori* la réponse est négative. Mais il a transgressé la prescription de ne pas quitter l'enceinte militaire. La société à laquelle il appartient est enserrée dans un règlement restrictif. Il a enfreint la discipline. Sa punition rappelle à l'intéressé et à ses camarades que toute infraction doit faire l'objet d'une punition.

Imaginons qu'il se soit réveillé une heure plus tôt : il serait rentré avant la fin de la nuit ; il aurait réintégré son lit avant le réveil ; personne n'aurait rien vu ; la journée du lendemain se serait déroulée comme prévu. L'expérience aurait été bénéfique pour lui et sa compagne. Il n'y aurait aucun dommage collatéral. Un observateur indépendant aurait vu dans la tricherie une modalité d'adaptation, un acte ordinaire. L'homme est un animal qui peut tricher comme les autres. Peut-être même mieux que les autres. Le tout est de ne pas se faire prendre.

Si on accepte d'observer la réalité de front : tout le monde triche. La complexité à laquelle nous conduit cette réflexion est la suivante : à partir de quel moment une tricherie est-elle négative ? Jusqu'à quel niveau d'effort la quête de la vérité est-elle justifiée ? Et surtout une question rarement posée : quelles sont les circonstances qui ont poussé un tricheur à transgresser les règles ? Quels sont les gagnants et quels sont les perdants de ces pratiques ?

Si on veut discerner les aspects invisibles du mensonge, il faut s'intéresser aux attentes de l'environnement qui ont amené le menteur à produire son mensonge. Il ne faut jamais oublier que c'est toujours le résultat d'une interaction. L'environnement fait naître le mensonge et le préserve ensuite. Le menteur dit : « J'ai menti parce que je ne pouvais pas faire autrement » et, en disant cela, il dit une vérité qui dérange. C'est ce même argument que l'on retrouve dans les déclarations des sportifs condamnés pour dopage.

Le phœnix du cyclisme

L'histoire du champion cycliste Lance Armstrong est emblématique de cette interaction. Jusqu'au moment où le masque est tombé, en 2012, sa trajectoire était l'une des plus belles du monde du sport. Lui-même l'avait enjolivée pour lui donner l'allure d'un conte de fées : sa mère est âgée de 16 ans quand il naît ; une enfance difficile ; le père biologique les abandonne peu après sa naissance ; il est un enfant maltraité par le nouveau compagnon de sa mère, son beau-père. C'est grâce au sport qu'il parvient à se construire, d'abord par la natation puis par le vélo. Il s'affirma dans les critériums régionaux et gagna ses premières primes qui lui permirent à 15 ans de gagner en une course ce que sa mère serveuse gagnait en un mois. En 1992, il devint champion amateur des États-Unis, ce qui lui valut d'être sélectionné dans l'équipe olympique américaine pour les JO de Barcelone. Un an plus tard, en 1993, il atteignait le sommet de sa discipline en remportant le championnat du monde de cyclisme sur route. Il intégra une équipe pour le Tour de France auquel il participa dès 1993, en étant le plus jeune cycliste du peloton.

Notons que, dans cet exposé biographique, tout est superlatif. Une histoire trop belle. Différents témoignages concordants ont depuis infirmé l'histoire de l'enfant battu et malheureux.

La rencontre avec le maître des potions magiques

Puis vint le premier mouvement de la bascule invisible. Alors qu'il était au meilleur de ses capacités physiques, lors d'une épreuve sur une journée, après qu'il eut pris la tête de la course, il fut dépassé par un train de trois cyclistes d'une équipe rivale qu'il ne parvint pas à suivre. La performance synchrone et surhumaine de ces trois hommes était éminemment suspecte. Elle était liée à celui qui supervisait le suivi médical de cette équipe : le docteur Michele Ferrari. Ce spécialiste du sport avait la réputation de pouvoir, par sa maîtrise des substances dopantes, transformer en champions invincibles les coureurs qui venaient le voir. Il disait que l'EPO – une substance qui permet de multiplier les globules rouges dans le sang – était aussi inoffensive que dix verres de jus d'orange. C'était sous-entendre qu'il avait recours à ce produit. La justice le rattrapa et il fut condamné à plusieurs reprises pour fraude sportive. C'est dans cet intervalle que débuta la vie clandestine de Lance Armstrong ponctuée de séjours secrets en Italie, à Ferrare, la ville où ce médecin continuait d'exercer son activité en cachette. Lance Armstrong s'assura pour lui et son équipe l'exclusivité des services du médecin et se lança dans un programme de dopage sophistiqué associant différents produits interdits : de l'EPO, de la cortisone, des corticoïdes et de la testostérone – l'hormone masculine qui permet d'augmenter la masse musculaire –, ainsi que des pratiques interdites comme l'autotransfusion.

La résurrection et les performances miraculeuses

Vint le deuxième temps de l'histoire de Lance Armstrong, celui du cancer du testicule qui l'atteint en 1995. On devine un trait de sa personnalité dans la façon dont il a géré le début de cette maladie : une aptitude au déni, cette capacité à se convaincre qu'un événement réel n'existe pas. Autrement dit, vivre dans une pseudo-réalité comme si l'événement n'était jamais survenu. C'est une capacité universelle, mais chez le menteur persévérant le mécanisme du déni se manifeste avec une intensité telle que la pseudo-réalité qu'il induit entraîne la conviction de son entourage. C'est un puissant adjuvant de l'effet fauvette. Lors du diagnostic de son cancer, le testicule avait près de dix fois la taille normale, et le cancer s'était déjà étendu avec des métastases dans l'abdomen, les poumons et le cerveau. Ces éléments laissent penser que le cancer était déjà présent au moins un an avant ce diagnostic. Un an pendant lequel Lance Armstrong s'est autoconvaincu que son testicule n'avait aucune anomalie. Par chance, ce fut une forme de cancer avec des forts pourcentages de guérison et il se rétablit en un an. Trois ans plus tard, il revint sur le Tour de France. À la surprise générale, c'est en champion surpuissant qu'il domina et gagna cette édition. Avant son cancer, il avait déjà participé à quatre reprises au Tour de France et ne s'était jamais mieux placé au classement général qu'à la trente-sixième place. Il n'avait rien d'un grimpeur. Dans la montagne, il prenait en général entre vingt et trente minutes de retard sur le vainqueur de l'étape. Lors de son retour après son cancer, il se mit à enchaîner les victoires à un rythme spectaculaire. Il gagnait les étapes de montagne, il était invincible dans les contre-la-montre. Sa domination était sans égale. En 2004, il porta le maillot jaune dix-sept jours de suite sur les vingt et un que compte l'épreuve. Il écrasait la concurrence, explosait les records de ses prédécesseurs. Il gagna sept Tours de France consécutifs. Pendant toute cette période, il y eut plusieurs infractions constatées aux règlements antidopage, dont un épisode où il fut contrôlé positif aux corticoïdes. Il s'en sortit en présentant une ordonnance médicale falsifiée. Il y eut un épisode où il se refusa pendant une heure à tout contrôle, se réfugiant dans sa caravane, à l'abri des regards, ce qui lui permit de normaliser ses paramètres sanguins au moyen d'une perfusion express. Il y eut un autre épisode où il simula l'absence à son domicile pour ne pas ouvrir au contrôleur. À chaque reprise, les instances sportives choisirent de ne pas poursuivre le champion pour ses irrégularités flagrantes. Ces instances sportives se comportaient avec un déni complet. Elles laissaient passer l'affaire comme si l'événement fautif n'était jamais advenu, alors qu'au même moment d'autres coureurs furent sanctionnés pour des fautes du même niveau. L'effet fauvette a fonctionné pendant cinq années. Personne, ou presque, n'osa poser la question d'une possible tricherie…

« Où sont les preuves ? »

David Walsh, du *Sunday Times,* fut l'un des rares journalistes à enquêter. Il découvrit que Lance Armstrong visitait régulièrement le docteur Ferrari. Il compila les témoignages des personnes proches du champion. Son livre choc très documenté, publié en 2001, lui valut d'être ostracisé. Dans les conférences de presse, les autres journalistes se tinrent à distance de lui pour ne pas subir les foudres de Lance Armstrong qui avait mis en place une loi du silence d'une puissance redoutable. Il boycottait les interviews de tous ceux qui osaient soulever la question du dopage. Il attaquait systématiquement toutes les personnes suspicieuses à son égard. Les poursuites judiciaires qu'il mena ruinèrent ses adversaires et ceux qui osèrent témoigner contre lui. Le *Sunday Times* par exemple perdit plus d'un million et demi de livres sterling, sans compter le nombre de lecteurs qui envoyèrent des courriers injurieux et menaçants vis-à-vis de ceux qui portaient atteinte à cette si belle aventure sportive.

Sur le plan médiatique, Lance Armstrong était devenu surpuissant. Sa devise était « *Too big and too many people involved to fail* » : « trop grand et trop de personnes impliquées pour tomber ». Il était à la tête de plusieurs entreprises qui géraient ses affaires, avec une fortune de l'ordre de 100 millions de dollars. Il pouvait s'offrir les avocats les plus talentueux pour faire tomber ceux qui parlaient de ses dopages. Un paradoxe fabuleux montre son audace et sa virtuosité de tricheur : il avait fait un don de 100 000 dollars à l'Union cycliste internationale pour qu'elle puisse s'équiper d'un appareil plus performant pour lutter contre le dopage. Plus il défiait ceux qui le suspectaient, plus il prenait de l'assurance et devenait invincible. « Où sont les preuves ? », leur lançait-il. Au soir de sa sixième victoire sur les Champs-Élysées, encore une fois sur la plus haute marche du podium avec l'Arc de triomphe en arrière-plan, il ironisa sur ses détracteurs : « Ils ne croient pas au cyclisme. Ce sont des cyniques, des sceptiques. Je suis désolé pour eux. Ils ne savent pas avoir de grands rêves. Ils ne croient pas aux miracles. »

L'audace de trop

Encore en 2004, tout paraissait parfait. Un an plus tard, le conte de fées que Lance Armstrong avait introduit dans l'histoire du sport pouvait s'achever sur : « Ils vécurent heureux et firent beaucoup d'affaires. » Mais la chute de son coéquipier devenu son successeur parut comme un mauvais présage. En 2006, Floyd Landis remporta le Tour de France avec les mêmes stratégies de dopage. Cependant, malhabile dans sa tricherie, il fut contrôlé positif à la testostérone et disqualifié. L'affaire aurait pu en rester là. Mais, en 2009, Lance Armstrong eut envie de revenir sur les routes du Tour de France. À 37 ans, il était devenu le doyen de son équipe. On lui a prêté l'intention d'utiliser la formidable publicité de ce retour pour servir son ambition politique de devenir sénateur du Texas. Peut-être voulait-il de nouveau vérifier que nul encore ne savait tricher mieux que lui ? À l'annonce de son retour, son ancien équipier Floyd Landis, revenu de son bannissement mais sans plus trouver d'équipe pour l'engager, fit appel à lui et le supplia de le reprendre dans son groupe. Lance Armstrong le rejeta, en vertu de l'application de la règle : « Pas vu, pas pris. Vu, pendu. » Pour Lance Armstrong, la faute de Floyd Landis n'était pas de s'être dopé, c'était d'avoir été maladroit et de s'être fait prendre. À cause de cette faute, Lance Armstrong le jugea indésirable. Blessé par ce rejet, Floyd Landis passa aux aveux. Il balança le système du dopage savamment mis en place. Les instances sportives jouèrent encore l'aveuglement, mais l'agence américaine antidopage relança la charge et cette fois-ci gagna. Malgré ses dénégations, Lance Armstrong fut reconnu coupable de fraude sportive et se vit retirer ses sept titres de vainqueur du Tour de France.

Il y a encore un paradoxe étonnant dans cette saga Armstrong. On peut compter par dizaines le nombre de personnes qui ont témoigné contre lui, avec des éléments de preuves précis et concordants, mais jusque-là sans résultat. Aucun de ces témoignages émis par des personnes « honnêtes » n'avait pu entraîner la chute du tricheur. C'est la confession d'un autre tricheur qui permit de le faire tomber. Il est incroyable de constater que, dans l'établissement de la vérité, la parole d'un menteur est plus décisive que celles réunies de tous ceux qui n'ont pas menti.

Les bénéfices de l'aveu

L'aveu est une stratégie. Pour le cycliste Lance Armstrong, cela a été un spectacle qu'il mit en scène avec l'arrière-pensée d'un calcul gagnant. Il choisit une émission phare de la télévision américaine. Une grande campagne publicitaire annonça l'événement. L'entretien commença par la question que tout le monde attendait : « Lance Armstrong, avez-vous consommé des produits dopants ? » La réponse fut immédiate : « Oui. »

Il n'y eut aucun suspense. La surprise n'était pas l'aveu, mais la facilité avec laquelle l'aveu se fit.

L'une des premières déclarations de Lance Armstrong fut : « Je connais la vérité. » Il y a dans cette courte phrase un sous-entendu crucial qui pourrait être énoncé ainsi : seuls mes aveux doivent être considérés comme la vérité, quelles que soient les déclarations antérieures ou ultérieures de mes adversaires. On voit par cette disposition comment un menteur s'arroge le privilège de pouvoir dire ce qui est la vérité et ce qui ne l'est pas. C'est une illustration supplémentaire du paradoxe qui fait que seul le menteur est écouté comme pouvant dire la vérité.

L'émission se poursuivit avec des banalités sur le dopage. Lance Armstrong se montra excellent. L'audience et le succès furent au rendez-vous. Ce fut l'épilogue d'une série médiatique qui avait duré treize années pendant lesquelles le menteur avait inlassablement nié s'être dopé et avait été suffisamment rusé pour déjouer tous les contrôles antidopage. On comprit trois choses importantes : la pratique du dopage était généralisée dans le milieu du cyclisme professionnel ; aucune organisation ne pouvait ignorer la réalité de ces pratiques ; les bénéfices étaient énormes pour les organisateurs et les sponsors. Lance Armstrong sortit vierge de cette interview. Toutes ses déclarations étaient structurées en deux temps : reconnaître sa faute puis en déléguer la responsabilité à un tiers. Voici une phrase type : « Je n'ai pas inventé la culture du dopage, mais je n'ai pas essayé de la faire cesser, c'est mon erreur et c'est cela seulement que je dois regretter. » Le message était limpide, s'il avait triché, c'est parce que le système l'y avait poussé. Le seul reproche qu'on pouvait lui faire et qu'il admettait avec fierté, c'est qu'il avait triché plus longtemps et mieux que les autres.

Quel est le bilan de cette histoire ? Lance Armstrong a payé très cher sa tricherie. Il a remboursé plusieurs de ses sponsors. Il a dédommagé en partie ceux qu'il avait menacés de poursuites judiciaires, mais sans être ruiné pour autant. Il a développé par la suite une activité de consultant sportif. Régulièrement invité dans des émissions télévisées et radiophoniques, il raconte toujours la même histoire : celle d'un jeune champion survivant du cancer devenu un sportif contraint au dopage.

Plusieurs sondages ont été réalisés auprès de cyclistes amateurs ou d'anciens professionnels : plus de la moitié d'entre eux continuent de l'admirer et souhaitent qu'il réintègre le palmarès du Tour de France. La conclusion pragmatique que l'on peut retenir de cette affaire a été formulée par un jeune garçon, futur champion, interrogé sur ce qu'il pensait de Lance Armstrong : « C'est vrai, il a triché. Mais il a gagné ! »

Finalement, les aveux de Lance Armstrong l'ont protégé. Lui et toutes les institutions, complices par leur passivité, sont sortis gagnants, certes avec des gains moindres qu'avant les aveux. Dans les comptes définitifs, les perdants sont ceux qui ont dénoncé la triche.

CHAPITRE 13

L'hypocrisie du comédien

Le propre de l'homme est de savoir porter des masques. Plus les animaux ont avancé dans l'échelle de l'évolution, plus ils ont développé la capacité à afficher sur leurs visages les états émotionnels dans lesquels ils se trouvent. Les mimiques faciales des primates peuvent exprimer la colère ou inversement la tendresse, l'attention ou l'indifférence, le plaisir ou le dégoût. Les mouvements des sourcils, les plis du front, l'ouverture des paupières, le rictus des lèvres sont autant d'indices qui composent la gamme faciale des expressions émotionnelles. Parmi les animaux, l'homme dispose d'une capacité supplémentaire : celle de pouvoir afficher sur son visage des expressions feintes. Il peut dissimuler ses émotions derrière des mimiques trompeuses, sourire comme quelqu'un qui serait heureux alors qu'il est profondément contrarié ou masquer une pensée défavorable derrière une mimique de bienveillance. Cette capacité à simuler un état émotionnel pour en cacher un autre est une aptitude sociale fondamentale qui s'apprend et se maîtrise. Ainsi, chacun peut consciemment afficher un masque sur son visage pour tromper le jugement de celui qui le regarde. Ce travestissement crée une mise en scène collective qui contribue autant à la dynamique qu'à l'équilibre des tensions au sein du groupe.

Le jeu des masques

Traditionnellement, le masque est associé à la fête. C'est l'origine de la mascarade. Chacun s'exerce avec amusement à incarner à la fois un rôle social et un état émotionnel qui ne sont pas les siens. L'homme a élevé en art majeur cette aptitude de la feinte. Le théâtre tel qu'on le connaît est apparu il y a près de trois mille ans. Les masques du théâtre grec sont des exagérations de mimiques : un rictus pour exprimer le rire de la comédie et la même crispation inversée pour exprimer la tristesse du drame. Les penseurs grecs de l'Antiquité distinguaient deux postures mentales. La première est l'*hubris* qui désigne la démesure, les excès dans le comportement. Parce qu'il réalise une déformation de la réalité, le théâtre est du registre de l'*hubris*. À cette démesure, les penseurs grecs opposent la *dikè*, qui désigne la retenue, la maîtrise, l'ordre et la raison. La *diké*, c'est la réalité banale, inconfortable et parfois sinistre. La mascarade est un temps prescrit de relâchement émotionnel. C'est le plaisir de jouer la comédie sans limites imposées. Le terme *hubris* a donné en français le mot « ivresse ». Mentir est une fête. La vie est belle, car, si elle ne l'est pas dans la réalité, avec la comédie chacun peut l'embellir en incarnant un rôle qui lui procure un fugitif plaisir. On peut jouer un personnage riche et puissant, heureux et malin, beau et en bonne santé. Au bal masqué, tout le monde est magnifique. Dans n'importe quel rassemblement, les personnages qui portent sur eux le masque du sourire et du bonheur attirent l'attention des autres. À la une des magazines populaires, on veut voir des stars sourire avec tout l'éclat de leurs dents blanches. Sourire, c'est plaire. Ceux qui sont pâles et tristes passent inaperçus et sont laissés dans leur coin. L'espace social est un théâtre où chacun cherche à se mettre en valeur le mieux possible avec un rôle qu'il construit en interaction avec son environnement.

Le paradoxe de l'identité

Shakespeare, dans la célèbre réplique de Hamlet « être ou ne pas être », pose une question cruciale : ne sommes-nous pas les imposteurs de notre identité ? Ne sommes-nous pas les acteurs d'une mascarade universelle ? Une anecdote racontée par Jorge Semprun dans le témoignage de son expérience concentrationnaire évoque ce vertige existentiel. Membre actif de la Résistance, il fut arrêté par la Gestapo puis déporté au camp de Buchenwald. À la descente du train il fut, comme ses compagnons d'infortune, déshabillé dans l'attente de recevoir la tenue rayée. C'est alors qu'il entendit une conversation entre deux déportés, nus aussi, debout à côté de lui. Au premier qui exprimait son désarroi le second répondait : « Vous avez raison, monsieur le Président ! »

On comprend que ces deux personnes étaient unies par un lien social précis : le premier était le président d'une structure à laquelle appartenait le second. On ne sait pas de quoi le premier était président, et dès lors cette information n'avait plus de valeur. Une fois que les personnes étaient déportées, leur identité était annihilée par la machine concentrationnaire dont l'objectif était d'effacer leur humanité. Ces hommes étaient nus et chacun allait recevoir un numéro. Mais il était important, au moins pour le second personnage, de maintenir la validité de ce lien passé en continuant à user de la formule de déférence qui l'unissait au premier. Le premier n'était plus président, mais le second avait encore besoin de faire « comme si ».

Cette anecdote terrible illustre la brutalité de la question qui tourmente Hamlet. Ne sommes-nous pas tous en train de faire « comme si » ? Nous ne savons pas bien qui nous sommes. La question « être ou ne pas être ? » se révèle n'être posée que par rapport à la comédie du mensonge à laquelle nous sommes liés dès lors que nous évoluons dans une structure sociale. À la question « qui sommes-nous ? », nous pouvons répondre par notre nom et notre prénom. Mais ces identifiants ne valent plus guère dès lors qu'on est exclu du champ social dans lequel ces désignations avaient cours. Un naufragé sur une île isolée, aussitôt qu'il se trouve face à des individus qui n'appartiennent pas à son monde, n'est plus identifié par un nom, une ville d'origine et un métier. Il perd son identité précédente et n'est plus qu'un naufragé, c'est-à-dire plus grand-chose. L'identité est un masque qui perd sa valeur s'il n'y a pas face à soi un interlocuteur pour le valider. C'est pour éviter un naufrage identitaire que nous jouons jour après jour notre propre rôle dans le petit théâtre de notre existence.

Carnaval et jeux de rôle

Le philosophe Michel Foucault a été un critique sévère des institutions, ces petits théâtres, qui contraignent chaque individu à un rôle social prédéfini duquel il reste captif. Michel Foucault était un homme secret. Il cultivait en permanence le décalage avec son entourage. C'est ainsi qu'il fut absent des événements de Mai 68 quand on l'attendait au cœur des débats et qu'il surgit à Toronto au milieu de la Gay Pride, alors qu'on le pensait chez lui à Paris. À un interlocuteur qui lui reprochait de ne pas se trouver là où on le cherchait et de surgir là où on ne l'attendait pas, il répondit avec son sourire sarcastique : « Je ne suis pas là où vous me guettez, mais d'ici où je vous regarde en riant. »

Ce regard sur la société et la tragi-comédie qui l'anime, Michel Foucault dit l'avoir reçu comme une révélation après avoir assisté à un carnaval. En 1952, en visite à l'hôpital psychiatrique de Müsterlingen en Allemagne, il assista à une scène insolite. La tradition voulait que les internés de l'asile passassent une partie de l'hiver à confectionner des masques pour, le jour du carnaval, rejoindre la procession qui déambulait en désordre sur les bords du lac de Constance. Médecins et malades étaient mêlés à la foule. Derrière leurs masques, personne ne savait les distinguer. Foucault fut impressionné : « [...] c'était abominable, car le seul jour où ils étaient autorisés à sortir en masse était le jour où ils devaient se déguiser et littéralement feindre la folie. »

Une de mes patientes, atteinte de folie depuis de longues années, m'avait un jour fait une déclaration que j'avais notée :

« Je préfère passer pour folle et pouvoir dire la vérité. » Le fou est celui qui ne peut pas mentir, celui pour qui le délire tient lieu de vérité. Il n'a pas la capacité à suspendre temporairement le contrôle de son comportement pour se conduire comme un fou et ensuite abandonner ce rôle de fou pour revenir dans le champ de la raison. Il a perdu la capacité de passer de l'*hubris* à la *dikè* lorsque la société lui prescrit de le faire. Il ne peut pas s'adapter au mensonge.

À Müsterlingen, les fous sont happés par une procession qui mime une folie collective. Le paradoxe de carnaval saute aux yeux de Michel Foucault. Les malheureux doivent jouer les fous comme tout le monde et sont poussés à exagérer ce qu'ils sont chaque jour de l'année. Pendant un court moment, ils ressemblent à tout le monde. Ils deviennent « normaux » lorsque les autres cessent de l'être. Mais, à la fin de la parade, ils reviennent derrière les murs de l'asile pour y être à nouveau enfermés. Cette mascarade illustre le vertige du jeu des masques. Nous ne sommes ce que nous sommes que par la liberté d'exagérer ce que nous ne sommes pas, c'est-à-dire la liberté de tricher avec la réalité. C'est avec le recours aux masques et aux mensonges que nous nous adaptons à la société. Cette liberté est conditionnelle. Nous ne sommes pas totalement maîtres du rôle que nous jouons. Dans le théâtre social, nous ne sommes finalement qu'un personnage parmi d'autres. Je ne peux jouer mon rôle que si les autres l'acceptent en même temps que j'accepte le jeu qu'ils jouent. Nous ne pouvons pas vivre autrement qu'en étant dupe du mensonge des uns et des autres. Ce qui nous distingue du fou, c'est la capacité à entrer et à sortir de la vérité. La normalité se définit par cette aptitude à jouer librement le jeu du mensonge. Le mensonge ne devient un problème que lorsqu'on perd la liberté d'en sortir.

Sous son masque, l'acteur dit des vérités

Jean Cocteau écrivit pour Jean Marais un monologue amusant intitulé *Le Menteur*. Il le conçut comme un exercice auquel l'acteur pourrait se livrer pour faire ses gammes. Car, dans la prouesse du jeu d'acteur, il y a un aller-retour permanent entre la sincérité et le mensonge.

Dans le premier extrait, le menteur est sincère. Il se confesse :

« Je voudrais dire la vérité. J'aime la vérité [...]. Si on me demande quelque chose, je veux répondre ce que je pense. Je veux répondre la vérité. La vérité me démange. Mais alors, je ne sais pas ce qui se passe. Je suis pris d'angoisse, de crainte, de la peur d'être ridicule et je mens. Je mens. C'est fait. Il est trop tard pour revenir là-dessus. [...] J'ai beau me sermonner [...], me répéter : tu ne mentiras plus. Tu ne mentiras plus. Tu ne mentiras plus. Je mens. Je mens. Je mens. »

Dans l'extrait suivant, en faisant des promesses, le menteur sait déjà qu'il se ment à lui-même :

« Oh ! Je changerai. J'ai déjà changé. Je ne mentirai plus. Je trouverai un système pour ne plus mentir, pour ne plus vivre dans le désordre épouvantable du mensonge. [...] Je guérirai. J'en sortirai. Et, du reste, je vous en donne la preuve. Ici, en public, je m'accuse de mes crimes et j'étale mon vice. [...] J'ai honte. Je déteste mes mensonges et j'irais au bout du monde pour ne pas être obligé de faire ma confession. »

Puis le menteur se ressaisit. Il comprend que, s'il reconnaît être un menteur, plus personne ne lui fera confiance et ne l'écoutera. Il se justifie et cherche des arguments tirés par les cheveux :

« Savez-vous, Mesdames, Messieurs, pourquoi je vous ai raconté que je mentais, que j'aimais le mensonge ? Ce n'était pas vrai. C'était à seule fin de vous attirer dans un piège et de me rendre compte, de comprendre. Je ne mens pas. Je ne mens jamais. Je déteste le mensonge et le mensonge me déteste. Je n'ai menti que pour vous dire que je mentais. »

Le menteur se perd à nouveau. Il ne sait plus où il en est entre mensonge et vérité. Il essaie de reprendre pied et à nouveau se contredit avec des certitudes et des excuses :

« Je ne mens jamais. Vous entendez ! Jamais. Et s'il m'arrive de mentir, c'est pour rendre service [...], pour éviter de faire de la peine [...], pour éviter un drame. De pieux mensonges. Forcément, il faut mentir. Mentir un peu [...] de temps à autre... »

Puis le personnage du menteur se dévoile et donne la finalité de son mensonge. Il comprend sa raison d'être, et le monologue finit sur sa profession de foi :

« Suis-je un menteur ? Je vous le demande ? Je suis plutôt un mensonge. Un mensonge qui dit toujours la vérité. »

Tous tartuffés

En grec, l'hypocrisie désigne ce qui se cache sous le masque de l'acteur. En clair, ce qui doit rester caché. Ce que jamais le public ne doit voir. Car, pour celui qui connaît la vérité, il y a un péril à vouloir la dire. Celui qui aurait l'audace de montrer au grand jour la vraie mimique des hypocrites s'expose à de cruelles représailles. Le cas du *Tartuffe* de Molière est exemplaire. Molière avait pu se moquer des médecins et de leur science, des bourgeoises et des cocus. Il avait le soutien protecteur de Louis XIV. Mais il eut le malheur de s'attaquer aux bigots. Dans *Tartuffe*, Molière ne s'en prit ni aux dogmes religieux ni au clergé, il démasqua les hypocrites qui affectaient publiquement une dévotion exemplaire pour cacher derrière leur religiosité les manigances scélérates qui affaiblissaient le pouvoir du roi. Le personnage de Tartuffe est une caricature des dévots qui composaient la puissante Compagnie du Saint-Sacrement que d'ailleurs Louis XIV finit par dissoudre.

Quelle est l'intrigue ? Un gentilhomme, Orgon, brave bourgeois, voit dans une église un homme vêtu comme un miséreux, ostensiblement courbé dans ses prières. Orgon prend le pauvre hère en pitié et lui offre l'hospitalité. Le parasite est entré dans le fruit. Sans violence et tout en ruse, il commence à prendre possession de la maison et des gens qui y vivent. Tartuffe affecte la charité, l'humilité, la pénitence. Il dit à chacun comment agir pour être conforme à la religion. Il répète : « Que la volonté du ciel soit faite en toute chose. » En réalité, il poursuit de ses avances la femme d'Orgon, convoite son héritage, se prépare à épouser sa fille et obtient la donation de sa maison. Orgon ne voit rien, ou affecte de ne rien voir car tout cela l'arrange. Comme la fauvette abandonne son nid au coucou et lui offre toutes ses ressources, Orgon laisse Tartuffe prendre possession de ses biens. Il se fait « tartuffer », selon l'expression de la servante qui devine le manège de l'escroc.

Cette farce déclencha une colère inattendue des bigots qui usèrent de toute leur influence pour la faire interdire. Le clergé suivit. Un prêtre illuminé, Pierre Roullé, curé de Saint-Barthélemy, écrivit une lettre au roi dans laquelle, après avoir flatté le souverain, il désignait Molière comme « un démon vêtu de chair et habillé en homme » et réclamait le bûcher pour punir ce suppôt de Satan. Hardouin de Péréfixe de Beaumont, archevêque de Paris, menaça d'excommunier toute personne qui assisterait à une représentation de cette pièce. Pendant cinq ans, la pièce fut interdite. Il fallut attendre la dissolution de la corporation des bigots pour qu'elle soit enfin représentée.

La portée de cette pièce est parfaitement résumée par Pierre Arditi et Jacques Weber qui ont eu le bonheur de la jouer avec succès dans une mise en scène contemporaine. S'étant coulés dans la peau des personnages, ils rient ensemble de l'hypocrisie avec laquelle l'immonde imposteur et sa veule victime jouent une partition commune. Orgon et Tartuffe forment un duo et s'accordent à merveille. Arditi et Weber, grands acteurs, experts en jeux de masques de ce qu'il faut montrer et de ce qu'il est interdit de voir, nous livrent un message inédit : « [...] et là, on est tellement deux escrocs chacun de notre côté que quand on repart, on retient notre rire [...]. On se dit tout bas : On les a eus ! [...] Ouais ! On les a eus ! »

Moralité selon Pierre Arditi : celui qui, comme Orgon, s'obstine à soutenir l'imposteur qui le dépouille, celui-là est complice du préjudice dont plus tard il se plaindra d'être la victime.

Moralité selon Molière : s'il est dangereux de soutenir un menteur, il est encore plus dangereux de le dénoncer publiquement.

C'est le problème des lanceurs d'alerte menacés aussitôt qu'ils rendent publique une vérité. Ce qui justifie la nécessité cruciale pour une démocratie de maintenir les lois qui protègent le journalisme d'enquête et l'anonymat des sources d'information.

CHAPITRE 14

Les faussaires et les gogos

Le menteur est celui qui falsifie la vérité. Il est celui qui fait passer du faux pour du vrai. Certains menteurs ont plus d'habileté que d'autres. Il y a des faussaires brillants. On serait prêt à les admirer s'il n'y avait en nous une inhibition, une petite voix, pour nous retenir et nous rappeler qu'ils sont des escrocs et qu'au moindre défaut de vigilance nous pourrions devenir leur victime. L'effet fauvette peut s'appliquer à ce moment où, devant un mensonge, nous sommes tentés d'abandonner cette vigilance.

Faire du faux est une activité vieille comme le monde. Aussitôt que des personnes manifestent de l'intérêt pour une catégorie d'objets rares et précieux, il s'en trouvera toujours une pour en réaliser d'excellentes copies et d'autres prêtes à les croire vraies pour en devenir propriétaires. C'est dans le domaine de la fabrique et du commerce du faux que l'on voit le mieux comment le mensonge a une structure kaléidoscopique infinie et qu'il est insaisissable.

Il n'y a pas de différence matérielle entre un vrai et un faux tableau

Le premier paradoxe dans le domaine des œuvres d'art se résume ainsi : si le produit faux est bon, c'est-à-dire bien fait, il devient vrai. Guy Ribes est un faussaire qui s'exprime avec la gouaille d'un titi parisien. Il est reconnu comme celui qui avait la plus large palette, pouvant produire des œuvres qui ont été attribuées à quinze peintres différents. Il exerça son talent clandestin pendant une trentaine d'années. On suppose qu'il a produit près d'un millier d'œuvres. On le connaît parce qu'il s'est fait prendre, mais devint aussitôt une célébrité. Il passa un an derrière les barreaux. À sa sortie de prison, il fit l'objet de plusieurs documentaires. Il accorda des interviews. Il publia son histoire sous le titre accrocheur d'*Autobiographie d'un faussaire*. Il y raconte sa vie, mais rien ne garantit la véracité de ses confidences. C'est un grand tricheur. Il s'en vante.

C'est aussi un homme qui se plaint. C'est là un autre paradoxe du faussaire. Il est fier d'avoir la maîtrise du geste de Picasso, de Matisse, de Derain, mais il se plaint que ses toiles – celles qu'il a peintes – ne prennent de la valeur que s'il y appose la signature d'un nom qui n'est pas le sien. Sa consolation est de savoir qu'il a produit quelques faux tableaux qui ont réussi leur examen de passage – la certification par les plus grands experts – et qui sont maintenant accrochés dans de grands musées. Ces faux tableaux certifiés comme des œuvres authentiques sont considérés comme vrais. Guy Ribes est condamné à ce que sa seule gloire soit d'être reconnu comme un excellent faussaire sans pouvoir briller de l'éclat qu'il mérite. Son talent résonne comme une malédiction.

On peut le croire lorsqu'il dit que plusieurs de ses toiles sont exposées dans les grands musées. Thomas Hoving, qui fut le directeur du Metropolitan Museum de New York, l'une des plus prestigieuses collections publiques au monde, déclarait que plus de 40 % des objets présentés dans le musée étaient des faux. Il semblerait que ce taux, bien que déjà impressionnant, soit faible puisque ce même Thomas Hoving disait, concernant un musée de Zagreb en Croatie, le musée Mimara, qu'il était constitué à 90 % d'œuvres falsifiées.

La vérité est inaccessible

Le procès de Guy Ribes, en 2010, s'apparenta à un spectacle. L'instruction avait été interminable. Passé une année, le magistrat dut clore les investigations parce que de nouveaux tableaux mis en cause apparaissaient toutes les semaines. Il avait compris que plus le temps passait, plus des faux resurgiraient. Plus l'instruction se prolongeait, plus il fallait repousser la date du procès. C'est une illustration de la nature kaléidoscopique du mensonge. Il est impossible de saisir un mensonge dans sa totalité. Par sa nature, il envahit tous les espaces disponibles. Il est tentaculaire. La vérité ne peut être rétablie que partiellement, au terme d'un effort long et coûteux. La quête de la vérité prend alors la forme d'un point de fuite qui se dérobe au fur et à mesure que l'on s'efforce de l'atteindre. Elle reste inaccessible.

À la fin de l'instruction, la liste des faux comportait cent quarante toiles et dessins. C'est une faible proportion de ce que Guy Ribes avait produit et fait écouler dans le mode des collectionneurs. Au procès, la séance publique fut animée et joyeuse. La foule était présente. On se serait cru à une visite au musée. Les gens s'approchaient des toiles exposées, les admiraient et faisaient des commentaires. Les juges furent indulgents. Bien que les sommes en jeu fussent de plusieurs millions d'euros, Guy Ribes n'était qu'un pion dans le marché parallèle des œuvres d'art.

Lors d'un reportage, il fut invité à visiter le musée de la Contrefaçon. C'est encore un paradoxe : les faussaires ont leur musée, dans un bel hôtel particulier du 16e arrondissement de Paris, financé en totalité par leurs victimes. Lors de sa visite, Guy Ribes échangea quelques mots avec un expert : « Il ne peut pas y avoir de bonnes choses ici… un bon faux, on ne le retrouve jamais ! » Après quoi, il fit remarquer que dans ce musée l'expert exposait de « vrais-faux » tableaux tandis que dans les autres musées les experts en exposaient de « faux-vrais ». Comprenons que le mensonge n'est que le miroir de la vérité et réciproquement. Et dans ce vertigineux rapport du vrai et du faux, seul le faussaire peut nous éclairer de ses lumières puisque lui seul, par son talent, sait distinguer le vrai du faux. Le faussaire est le meilleur expert qui soit. Celui qui ment est aussi celui qui connaît le mieux la vérité.

Lorsque le faussaire offre son art au bénéfice de celui qu'il a copié

Le talent de Guy Ribes a été légitimé par le cinéma. Son procès lui avait apporté la notoriété qui lui faisait défaut. Moins de six mois après sa sortie de prison, le réalisateur et scénariste Gilles Bourdos entra en contact avec lui pour lui proposer de travailler à un projet de film sur le peintre Auguste Renoir. Une aubaine pour Guy Ribes qui était ruiné. Pendant six mois, il fut payé pour faire des faux en toute légalité. Pour les besoins du film, les réserves du musée d'Orsay lui furent ouvertes. On lui offrit le temps d'examiner des œuvres inaccessibles au public. Il put étudier à la loupe les touches de pinceau de Renoir. Incroyable renversement du sort. On lui demandait maintenant de faire des faux meilleurs que ceux qu'il avait jusque-là réalisés. Il était payé pour faire le même travail que celui qui l'avait emmené en prison. Il réalisa ainsi une cinquantaine de dessins et de tableaux. Lorsque le scénario prévoyait des gros plans sur les mains de Renoir en train de peindre, on filma celles de Guy Ribes. Avec le cinéma, il rachetait ses fautes en prêtant ses mains au personnage de Renoir.

La garantie est un leurre

La nature n'aime pas le vide. Les faux envahissent les collections privées, les galeries et les musées. Le doute devrait être la règle. Le peintre Corot a été l'un des peintres les plus copiés. On dit avec humour, dans le milieu des spécialistes, que Corot a peint trois mille tableaux dont cinq mille sont aux États-Unis. Mais toutes les copies de ses œuvres ne sont pas celles de faussaires. Il est arrivé à cet artiste, connu pour son bon cœur, de signer les œuvres de ses élèves indigents, afin que ceux-ci puissent les vendre.

Pour qu'un tableau se vende, il faut un certificat d'authenticité dont l'obtention dépend de différentes démarches. La première est de s'adresser au peintre lui-même, s'il est encore vivant. Van Dongen aurait, selon Réal Lessard, signé une toile peinte par ce dernier. Picasso, d'après le marchand d'art Fernand Legros, aurait fait de même. Ces histoires peuvent être vraies, mais elles restent douteuses. Les faussaires aiment embrouiller les curieux qui cherchent à remonter leurs pistes. Ceux qui veulent mettre sur le marché de l'art un faux tableau peuvent aussi s'adresser aux ayants droit du peintre et, moyennant une généreuse rétribution, obtenir des certificats. Encore un paradoxe : considérés comme des voleurs, les faussaires permettent aux héritiers des grands maîtres de gagner encore de l'argent.

Fernand Legros était un marchand de faux tableaux. Il obtenait les certificats grâce à un astucieux stratagème. Il arrivait aux États-Unis avec une collection de faux. Il se faisait dénoncer par un complice et se laissait arrêter par les douanes qui le soupçonnaient d'introduire en fraude de vrais tableaux. Les douanes, obsédées par leurs soupçons, considéraient ces tableaux comme authentiques. Fernand Legros s'acquittait d'une forte amende, 1 million de dollars, mais obtenait le bénéfice d'avoir un document judiciaire qu'il utilisait comme un certificat d'authenticité. Il pouvait vendre sa collection à un milliardaire texan pour une somme avoisinant les 30 millions de dollars. Encore un paradoxe : c'était un organisme chargé de réprimer la fraude qui lui avait fourni les moyens de certifier ses faux tableaux et de réaliser ses activités commerciales illicites.

C'est le prix qui fait la nuance entre le vrai et le faux

Les faussaires sont captivants. Il y a un plaisir à les voir faire, ce qui est une occasion rare en temps normal, car les faussaires parfaits sont invisibles. Mais, lorsque l'un d'entre eux s'exhibe, on ne peut qu'admirer l'habileté de la main qui contrefait un tableau de maître. Le faussaire doué fait un faux aussi beau que le vrai. Dans son film sur les faussaires, *F for Fake* (1974), Orson Welles montre Elmyr de Hory, surnommé le « Paganini de la palette ». Elmyr de Hory est un peintre charmant et pétillant, connu sous une vingtaine de noms différents, qui passa sa vie à fuir les policiers à ses trousses. Il pouvait reproduire en quelques minutes un dessin de Matisse. Devant la caméra, il est ravi de faire une démonstration de son talent. D'un trait, il dessine un visage mieux que ne l'aurait fait Matisse auquel de façon péremptoire il reproche de trembler un peu. Il y a de l'orgueil chez ce faussaire qui prétend que le maître n'est pas plus grand que lui. En deux minutes, d'un geste parfait, Elmyr de Hory exécute le dessin au fusain. Il le montre et demande à l'observateur de donner une estimation du prix de cette œuvre qu'il vient de réaliser. 10 dollars s'il signe de son nom, 10 000 dollars s'il signe Matisse. Pourtant, ce dessin a la même beauté que ceux réalisés par Matisse, peut-être même est-il de meilleure facture tant le soin du faussaire l'a mis en valeur. La différence est abstraite. Sur le plan matériel, l'œuvre est identique. Le dessin en lui-même est parfait. La seule différence est la main qui l'a produite. C'est donc un faux. C'est puni par la loi. Elmyr de Hory sait le péril qu'il y a à laisser une trace de son activité de faussaire. Il met le dessin au feu avec un grand sourire. La flamme détruit le beau dessin qu'il venait de réaliser. Sur son visage, on voit un ravissement. Le faussaire est malicieux. On a compris qu'il pouvait sans problème faire autant de faux qu'il en recevrait la commande. Dès qu'il sera seul, il reprendra son ouvrage avec profit.

Plus c'est gros, plus ça passe

C'est sans doute avec le personnage excessif de Fernand Legros que l'effet fauvette fut le plus spectaculaire. Ce caméléon à plumes avait compris que les outrances lui donnaient la capacité de subjuguer ses interlocuteurs. Il racontait une série de faits improbables qui ne purent jamais être vérifiés : qu'il avait été agent de la CIA, marchand d'armes, amant du secrétaire général de l'ONU, roi de l'immobilier. Il s'octroyait un train de vie fabuleux et se dévalorisait avec plaisir. « Je n'ai aucun talent », « J'ai mauvais caractère », « Je ne suis ni un peintre, ni un expert », ce qui lui permettait de se défendre en disant que, s'il avait vendu des faux tableaux, c'est qu'il avait été dupe des experts véreux ou imbéciles qui les avaient certifiés vrais.

Pour subjuguer ses victimes, il allait briller dans le milieu des élites fortunées. Il se faisait inviter dans les clubs privés, fréquentait des milliardaires et des personnalités du spectacle. Il garait en double file sa Rolls-Royce enregistrée au Liechtenstein, ce qui lui permettait d'avoir ses initiales « FL » gravées sur la plaque d'immatriculation. Il en sortait dans une tenue extravagante : un long manteau de fourrure, des chemises bariolées, des colliers lourds avec de larges pendentifs, des lunettes noires, un grand chapeau, de longs cheveux et une barbe qui cachaient son visage.

Et puis, surtout, il avait l'art de parler. Son bagout hypnotisait son interlocuteur. Le ton était péremptoire. Il harponnait le chaland avec l'assurance d'un bonimenteur de foire. « Au-dessous de 1 million, ça ne m'intéresse pas. » Il annonçait ainsi qu'il ne traitait qu'avec des personnes suffisamment riches pour mettre 1 million de dollars dans une négociation. « Je ne vends pas un tableau, je vends une collection de tableaux. » Entre 1963 et 1967, il vendit à un milliardaire texan, Algur Hurtle Meadows, un ensemble de cinquante-huit tableaux pour 1 million de dollars. Il vendit au Premier ministre du Japon, Eisaku Sato, une cinquantaine de tableaux pour un prix de 20 millions de dollars. L'histoire de ce marchand de faux tableaux est riche de coups d'éclat et de rebondissements. Tout ce qu'il faisait pour paraître sulfureux endormait les réticences de ses victimes. Il eut, lui aussi, sa biographie écrite par Roger Peyrefitte qui fit peu d'effort pour trier le vrai du faux. Ce livre enrichit sa légende. Les journalistes de premier plan, à la télévision ou à la radio, lui offrirent de briller dans les médias. Il chuta sur la dénonciation d'un autre faussaire qui avait été son amant. Puis il disparut et mourut seul dans le dénuement.

De cette trajectoire météorique, une question subsiste : comment expliquer, sinon par un puissant effet fauvette, que des milliardaires ou des hommes politiques de haut rang, qui avaient été si soigneux de leurs affaires pour connaître leur belle réussite professionnelle, aient pu être aussi longtemps et massivement grugés ? La structure de cette histoire est la même que celle du conte d'Andersen, *Les Habits neufs de l'empereur*. Plus l'escroquerie est grosse, plus fragile est la vigilance des victimes.

CHAPITRE 15

Les saveurs empoisonnées du complot

Alors que des vérités simples sont à portée de main et que les faisceaux de preuves existent, les vérités alternatives farfelues séduisent les foules. Les vérités alternatives relèvent de la catégorie des idées probablement fausses que les gens veulent absolument croire vraies et défendre comme telles. C'est le registre des théories du complot. Dans bien des cas, il est impossible d'établir une vérité absolue, si tant est qu'elle puisse exister, et on voit se lever une foule de gens, les « conspirationnistes », pour déclarer que l'explication commune est mensongère. Ils en préfèrent une autre, « abracadabrantesque », à contresens du raisonnement général, laquelle malgré ses incohérences gagne de plus en plus d'adeptes. L'idée fausse s'amplifie, se construit comme un emboîtement de causalités de plus en plus tirées par les cheveux, mais elle se maintient au prix d'une habileté et d'une imagination sans limite. À la fin, il s'agit de déclarer que des puissances financières occultes dirigent le monde et que les gouvernements nous trompent, avec, quand c'est possible, la complicité des extraterrestres.

Un sondage de l'Institut français d'opinion publique (IFOP) réalisé en 2019 révèle que 80 % des Français adhèrent à au moins une théorie du complot sur des sujets comme les maladies, l'immigration ou les attentats terroristes.

Une terre aplatie… et sans bord !

On voit ainsi se développer des théories du complot sur des sujets sans portée politique évidente. Quelle est la raison d'être au XXIe siècle d'une idée aussi déraisonnable que celle qui affirme que la Terre est plate ? Plusieurs communautés s'activent sur Internet pour démontrer que la Terre n'est pas une sphère mais qu'elle est un disque. Des sociétés anglophones et francophones, qui se revendiquent savantes, conjuguent les phrases hermétiques des textes sacrés avec les formules complexes d'Einstein pour prouver leur hypothèse loufoque.

Toujours selon le sondage IFOP, 9 % des Français pensent que la Terre est plate, alors qu'il y a plus de trois mille ans le géomètre grec Ératosthène avait déjà calculé la circonférence de la Terre, que depuis cinq cents ans des bateaux sillonnent les océans en faisant le tour du globe, que chaque jour par milliers les avions circulent au-dessus de la Terre, que les images de l'espace montrent la courbure de l'horizon. Malgré ces évidences, des personnes s'obstinent à croire que les physiciens et les géographes mentent. À bout d'arguments, on voit les partisans des théories du complot produire une succession de falsifications pour préserver le doute sur la vérité. Un astronaute de la NASA s'en amuse et leur dit que, si la Terre est plate, on attend toujours qu'une agence de tourisme propose des croisières pour en visiter les bords. Si la Terre était plate, l'eau des océans tomberait dans le vide. Les partisans de la Terre plate expliquent que l'Antarctique est une muraille de glace infranchissable, et cette explication leur suffit.

Les théories du complot exercent chez les adultes le même attrait que les contes de fées chez les enfants. Ce sont des fables imaginatives riches en fantaisies. Elles nous distraient comme peut distraire un magicien dans un spectacle. Mais elles peuvent aussi conduire à des épilogues dramatiques.

Mike Hughes était un doux fantaisiste américain qui s'était fait connaître des médias par ses diverses tentatives pour construire sa propre fusée. Elle devait l'emmener à 1 500 mètres d'altitude et lui offrirait l'occasion de prendre des photos qui prouveraient que la Terre est plate. Les décollages ridicules de ces fusées bricolées commencèrent à attirer les curieux qui l'encouragèrent. Ses fans le surnommèrent « Mad Mike » (Mike le Fou), « Daredevil Mike » (Mike le Casse-cou). Il trouva des sponsors qui lui offrirent des subventions. Il gagna la sympathie du public. La presse fit des articles. Les vidéos de ses tentatives furent vues des centaines de milliers de fois sur Internet. Il mourut en 2020 lors d'un troisième vol à bord de sa fusée artisanale. On peut attribuer aux partisans du complot qui relayaient ses tentatives une part de responsabilité dans l'accident. On peut aussi s'interroger sur la responsabilité des médias et des autorités de l'État qui ont laissé cette histoire prendre de l'ampleur sans qu'à un moment, comme dans le conte d'Andersen *Les Habits neufs de l'empereur*, une voix ne se soit fait entendre pour dire que cet homme allait inévitablement se tuer.

On a (pas) marché sur la Lune

Pour observer le phénomène des théories du complot, on peut partir de la formule attribuée à Edgar Faure : une idée fausse est un fait vrai. Parce qu'elles nous font penser et agir de façon particulière, elles exercent sur nos sociétés une influence réelle, parfois déterminante comme dans les choix des électeurs. Les théories du complot sont une fenêtre pour comprendre la place du mensonge dans notre pensée et son fonctionnement dans notre organisation sociale.

Prenons l'exemple de la conquête lunaire qui fut un grand moment de l'histoire du progrès technologique au XXe siècle. Entre 1968 et 1975, l'agence spatiale américaine planifia et parvint à réaliser six missions lunaires étalées entre 1969 et 1972. Cet effort mobilisa de très nombreuses équipes. Cinquante mille employés de la Nasa travaillèrent sur ce programme et près de deux cent mille personnes y collaborèrent pour la sous-traitance. Les retombées scientifiques et technologiques furent considérables. Avec cette aventure, les États-Unis d'Amérique prirent une avance déterminante dans l'industrie aéronautique et spatiale. La couverture médiatique fut universelle. On estime à plus de 3 milliards le nombre de personnes qui suivirent en direct le premier alunissage. Les pionniers de la conquête lunaire furent accueillis en héros. Puis, au fil des années, surgit un phénomène inattendu : le refus de l'exploit. Selon les enquêtes et selon les époques, 6 à 20 % des Américains ne croient pas que les vols spatiaux se soient vraiment déroulés. Que ce refus de l'histoire apparaisse dans un discours de propagande comme à Cuba ou en Union soviétique, on peut le comprendre. Mais l'énergie la plus forte pour dénier l'exploit de la conquête lunaire vient du pays même qui l'a réalisée. Dès 1974, avec une accélération croissante, des publications se multiplient pour documenter cette théorie du canular. Les informations les plus fantaisistes sont avancées : « Athur C. Clarke, astronome et auteur du livre à succès *2001, l'Odyssée de l'espace*, aurait écrit pour la Nasa le scénario des vols lunaires » ; « Stanley Kubrick, le réalisateur qui a transposé ce livre au cinéma, aurait filmé en studio les images diffusées en Mondovision » ; « Le budget alloué à l'ensemble des vols habités a été consacré à acheter le silence de tous les impliqués. » Un incroyable engouement pour les théories du complot gagne une population excitée qui se perd dans des conjectures oiseuses reprises et commentées sans fin.

La conjuration des gens de mauvaise foi

Sur Internet, la recherche avec les mots clés « *Moon landing hoax* » produit 25 millions d'entrées en 0,64 seconde. Sur l'encyclopédie libre en ligne Wikipédia, la conspiration du canular de l'alunissage est plus documentée que celle sur les vols Apollo. Plusieurs hypothèses ont été avancées pour comprendre cette réaction. Contemporaine de l'exploration lunaire, l'affaire du Watergate avait révélé les manœuvres secrètes du gouvernement pour espionner le parti d'opposition. Le pouvoir en place avait utilisé les moyens des services secrets pour tricher dans le jeu démocratique. À partir du moment où il est avéré que la triche fait partie du jeu politique du gouvernement en place, tous les complots imaginables deviennent possibles. La théorie du complot s'est emparée de l'aventure spatiale parce que c'était à ce moment l'événement médiatique le plus important. Cela fit le malheur des astronautes de la mission Apollo XI. À toutes les manifestations publiques auxquelles ils participèrent, les héros de l'espace durent faire face à des questions qui remettaient en cause leurs exploits. Ils furent harcelés de questions inutiles, poussés à la contradiction. Neil Armstrong renonça au poste de sénateur qui lui était proposé et se retira de la vie publique. Son acolyte Buzz Aldrin devint la cible des conspirationnistes. Un épisode fut fortement médiatisé. Il avait répondu à la demande de collégiens japonais pour une interview. C'était un piège. Il se rendit dans le hall de l'hôtel où devait se faire la rencontre et il se trouva face à Bart Sibrel, un journaliste douteux qui avait déjà réalisé deux documentaires sur la fausse conquête de la Lune. Bart Sibrel força l'astronaute à jurer sur la Bible qu'il était réellement allé sur la Lune. Buzz Aldrin tourna les talons puis entendit dans son dos Bart Sibrel le traiter « de lâche, de menteur et de voleur ». Il s'ensuivit un pugilat filmé puis largement repris dans les médias pour servir davantage la théorie du faux alunissage. Buzz Aldrin avait été pris dans le piège terrible du complot. Il se retrouva accusé du mensonge que l'on créait contre lui. Quoi qu'il dise et quoi qu'il fasse, ses paroles et ses gestes étaient retournés au profit des conspirationnistes.

L'idée de complot est vieille comme le monde

La plus ancienne représentation que l'on puisse identifier de la théorie du complot, et qui perdure, est celle qui postule l'existence de Satan. Celui-ci est défini comme une entité maléfique, invisible, omniprésente et toute-puissante, qui incarne le mal absolu. On peut lui attribuer tous les malheurs des hommes. Personne ne peut démontrer que cette idée est vraie. Personne ne peut démontrer qu'elle est fausse. Les partisans de la théorie du complot utilisent des arguments qui ont la même structure que cette phrase de Charles Baudelaire : « [...] la plus belle des ruses du diable est de faire croire qu'il n'existe pas ! » Les théories du complot sont des transpositions laïques de l'idée du diable et de son influence dans la vie sociale de tous les jours. Celui qui nie l'existence de Satan est suspecté d'être un suppôt du diable. L'incertitude profite au mensonge. Aussitôt que le doute est installé, il prend racine. L'idée fausse devient un fait vrai. Celui qui en raisonnant croit affaiblir une théorie du complot produit un résultat inverse, il donne des arguments supplémentaires à ceux qui la défendent.

Les théories du complot peuvent être regardées comme un effet fauvette face à la peur. Face à l'angoisse de vivre, face à l'inconnu de la mort, l'homme démuni imagine une conspiration invisible et puissante qui existerait depuis toujours pour le tromper. L'illusion du complot est à la mesure de ce que nous ignorons.

Il y a aussi des complots avérés. L'histoire en foisonne. Depuis l'Antiquité, un État sait accuser son rival d'un complot pour justifier les guerres qu'il va engager contre lui. C'est en prétextant un complot ourdi contre lui que le roi Charles IX lança le massacre de la Saint-Barthélemy et fit exécuter en une nuit dans Paris six mille personnes désarmées, des vieillards, des femmes et des enfants. Lorsqu'il fallut présenter des preuves pour justifier l'horrible massacre, il ne s'en trouva aucune. C'est en accusant l'Irak de détenir des armes de destruction massive qu'une coalition dirigée par les États-Unis et l'Angleterre justifia une invasion dont on sait rétrospectivement qu'elle n'apporta aucune preuve de l'existence de ces armes. Charles IX et sa cour ne furent jamais punis de leurs crimes. Le président américain et le Premier ministre britannique sont hors de portée d'un procès pour une guerre qui dura huit ans et fit près de 1 million de morts. L'histoire montre que l'énoncé mensonger d'un complot peut être efficace et rester impuni.

Les complots existent vraiment, mais leurs secrets ne tiennent pas longtemps

De vrais complots, il y en a, mais en général ils finissent toujours par être dévoilés. Un mathématicien anglais de l'Université d'Oxford, David Robert Grimes, s'est intéressé aux conditions qui permettent de faire la lumière sur un complot. Ses recherches publiées dans la revue *PLoS ONE* en janvier 2016 évaluaient la probabilité qu'une personne impliquée dans le secret d'un complot finisse par le trahir.

Son hypothèse de départ se fonde sur un argument simple et logique : plus il y a de personnes impliquées dans un complot, plus la probabilité est forte qu'au bout d'un certain temps ce complot soit révélé. David Robert Grimes établit une formule théorique, puis paramétra ses calculs à partir des données concernant des complots déjà connus en intégrant le temps nécessaire pour les révéler et le nombre de personnes impliquées. Par exemple, il a fallu six ans pour que les révélations d'Edward Snowden mettent au jour le programme PRISM qui permettait à trente mille agents de surveiller à leur insu les données électroniques de tous les citoyens américains ; il a fallu vingt-cinq ans pour que soit révélée une étude médicale secrète sur la syphilis, connue sous le nom d'expérimentation de Tuskegee, qui impliquait cinq cents agents de santé. Avec les données de différents scandales, David Robert Grimes établit une échelle qui donne une estimation, en fonction du nombre de personnes impliquées dans le secret, du nombre d'années pendant lesquelles le complot peut rester secret. Selon cette formule statistique, pour qu'un complot puisse rester secret pendant plus de cent ans, il ne faut pas qu'il implique plus de cent vingt-cinq conspirateurs.

Si on applique cette statistique au complot lunaire, lequel s'il avait existé aurait impliqué quelque quatre cent mille personnes, le secret n'aurait pas tenu plus de trois ans et demi. Et pourtant, cinquante années ont passé et cette théorie du complot lunaire persiste.

Le complot, comme toute falsification, a une structure kaléidoscopique. L'image qui s'efface se reproduit à l'infini. Pour railler les partisans de la théorie du complot, David Robert Grimes terminait son article avec la mention : « Ce travail n'a reçu aucune subvention d'une quelconque nébuleuse clandestine. » On ne le crut pas. Suite à sa publication, il reçut de nombreux messages qui insinuèrent, puisqu'il réfutait les théories du complot, qu'il en faisait nécessairement partie. À quoi il répondit que, s'il faisait vraiment partie d'un complot, il aurait probablement pu acheter un appartement plus grand.

L'idée qu'on nous ment est réconfortante et angoissante en même temps...

Si autant de personnes adhèrent aux théories du complot, qui s'obstinent à y croire malgré l'absence de preuve et avec suffisamment d'arguments qui les réfutent, c'est que ces théories offrent des satisfactions psychologiques. Lorsqu'on ne comprend pas quelque chose, il est rassurant d'imaginer une causalité, fût-elle fantastique. Au lieu de soumettre celui qui y croit à une angoisse supplémentaire, l'illusion d'un complot soulage. Pour un individu qui souffre d'une image sociale précaire, il est valorisant de penser – et de laisser les autres penser – que des personnages puissants sont responsables de ses malheurs. Pour un individu vulnérable, il est valorisant de penser qu'il n'est pas moins habile que les conspirateurs, puisqu'il a déjoué leur piège et qu'il est plus intelligent que la moyenne puisqu'il a deviné un complot là où les autres n'ont rien vu. Il a l'illusion qu'il n'est pas pris dans l'effet fauvette d'un mensonge qui n'existe pas, sans réaliser qu'il en est captif, aveuglé par un mensonge plus grand.

La fascination qu'exercent les théories du complot et le succès étonnant des vérités alternatives ont une explication. On pourrait les considérer comme de nouvelles formes de mythologies. Dans les sociétés anciennes, les mythes venaient combler des vides. Les mythes offrent une explication à ce qui échappe à notre compréhension. Aujourd'hui l'excès de rationalisme des sociétés modernes nous prive du recours au mythe mais conduit à la fabrication de mythologies contemporaines que sont les théories du complot. Elles mettent en jeu les mêmes ressources : un imaginaire foisonnant et une crédulité naïve.

PARTIE IV

Les inconvénients de la vérité

CHAPITRE 16

Glissez, menteurs, n'appuyez pas

On attribue à Pierre-Charles Roy un quatrain qui figurait au bas d'un tableau présentant des patineurs sur un lac gelé :

Sur un mince cristal l'hiver conduit leurs pas
Le précipice est sous la glace
Telle est de nos plaisirs la légère surface
Glissez, mortels, n'appuyez pas.

Dans l'histoire qui suit on peut représenter les patineurs par un chercheur et ses collègues, dont le directeur du laboratoire de recherche médicale d'une prestigieuse université. Glisse, glisse le chercheur sur la mince surface de son mensonge. Une jeune chercheuse d'une autre université crie au plagiat. Tout est fait pour la réduire au silence. Mais elle refuse de se taire. Elle appuie, appuie et la glace se rompt. Tout le monde tombe.

Cette histoire est réglée comme une tragédie grecque. Chacun tient son rôle. La fin est prévisible. Ce que le spectateur attend, c'est de découvrir comment l'affaire va se dénouer.

L'action se déroule entre 1979 et 1980. Elle se situe dans le cadre de la faculté de médecine de Yale, au cœur de l'une des plus anciennes et des plus prestigieuses universités des États-Unis. De son campus sont sortis trente-trois futurs lauréats du prix Nobel, des anciens présidents comme George Bush père et fils, ainsi que Bill Clinton et sa femme Hillary. La devise de l'université est : *Lux et Veritas,* « Lumière et Vérité ». Il n'y a pas de place pour le moindre soupçon de fraude, sans quoi la réputation de l'université s'effondrerait. C'est probablement cet enjeu de prestige et ces hautes ambitions morales qui l'ont rendue aveugle à une tricherie, alors que les évidences étaient sous le nez de ceux qui n'ont pas voulu la voir.

Les personnages principaux de cette affaire sont Vijay et Helena. Ils seront par commodité désignés par leurs prénoms. Ils ont en commun, l'un et l'autre, d'être de jeunes chercheurs à la carrière précaire, car ils sont étrangers. Lui est indien et elle est brésilienne. Leurs places et leurs parcours professionnels dépendent de leurs résultats. Ils sont soumis plus que tout autre à une obligation de performance. Pour eux, cela consiste à obtenir que leurs travaux de recherche soient publiés dans des revues scientifiques de haut niveau.

Vijay est le fraudeur. Il a 37 ans. Cela fait huit ans qu'il vit aux États-Unis. Il est maintenant professeur assistant. Il s'était fait remarquer par quelques publications, ce qui lui avait permis de postuler à un poste d'enseignant-chercheur dans l'équipe du professeur Felig. Philip Felig joue un rôle majeur dans cette histoire. Cet homme est un surdoué de la recherche. À seulement 43 ans, il a déjà deux cents publications à son actif. C'est plus que ce que produit dans une vie un chercheur moyen. Dans le milieu de la recherche universitaire, la norme minimale est d'une publication par an. Philip Felig produit quinze fois plus. Il multiplie les responsabilités universitaires : il est titulaire de la chaire d'endocrinologie de la faculté de médecine de Yale, vice-président du département de médecine et chef du laboratoire de recherche en endocrinologie. Il est bardé de récompenses académiques et notamment docteur *honoris causa* de l'Institut Karolinska de Suède, l'instance qui attribue le prix Nobel. Il reçoit chaque année de l'institution nationale de santé et des fondations privées des subventions de plusieurs centaines de milliers de dollars. On comprend qu'il attire les étudiants chercheurs du monde entier. Il recrute les plus brillants dont il conduit les travaux et supervise les publications. Fin 1979, Philip Felig est à la veille d'une promotion cruciale pour la suite de sa carrière : le Comité des chirurgiens et des médecins de l'Université Columbia lui propose de prendre l'année suivante la chaire du département de médecine. Philip Felig leur a présenté les travaux de Vijay et envisage de le faire venir avec lui à New York. L'Université Columbia est la première au monde par le nombre de lauréats du prix Nobel issus de ses rangs : quatre-vingt-sept. Jusque-là, tout va pour le mieux dans la belle trajectoire scientifique du professeur et de son assistant.

Prologue : trop petite pour devenir grande

Helena a 29 ans. Elle est arrivée deux ans plus tôt comme boursière à l'Institut national de la santé. Ses débuts sont laborieux. Elle travaille dans le laboratoire de Jesse Roth, un spécialiste du diabète et de l'insuline. Helena effectue une recherche sur la fixation de l'insuline sur les globules rouges et plus particulièrement sur les variations de cette fixation chez les anorexiques. Elle démontre que l'insuline se fixe plus fortement sur les globules rouges des anorexiques et que cette fixation revient à la normale lorsque ces patientes retrouvent un poids satisfaisant. Cette étude associe plusieurs collaborateurs dont les collègues psychiatres qui suivent les patientes anorexiques. Un des points forts de son travail est la mise au point de la formule qui permet de calculer la mesure de la fixation de l'insuline.

En novembre 1978, Helena termine sa recherche et envoie son article à une revue de médecine : le *New England Journal of Medicine*. Comme c'est l'usage, son manuscrit est soumis à l'expertise de deux seniors relecteurs : l'un recommande la publication, l'autre la refuse. Le rédacteur en chef de cette revue renvoie à Helena son manuscrit en s'excusant du retard de deux mois et demi pour lui donner cette réponse. Il lui explique que son manuscrit a suscité deux opinions divergentes, raison pour laquelle il a demandé un troisième avis qui a indiqué que l'article pouvait être publié moyennant quelques révisions. Helena se remet au travail. Ce qu'elle ne sait pas, c'est que le relecteur qui s'était opposé à la publication de l'article était Philip Felig, et que celui-ci avait montré le manuscrit à son assistant, Vijay, lequel s'était empressé de le photocopier. Vijay travaillait déjà depuis deux ans sur la fixation de l'insuline sur les cellules du sang et n'avait toujours rien publié sur ce sujet.

Acte 1 : la dénonciation du plagiat

Une semaine après qu'Helena eut reçu la lettre de refus, son patron, Jesse Roth, lui montre un manuscrit qu'il vient de valider comme relecteur et qui doit bientôt paraître dans une autre revue, l'*American Journal of Medicine*. Il lui montre ce texte parce qu'il traite des liaisons de l'insuline dans l'anorexie mentale. Il est signé Vijay S. et cosigné Philip Felig. Helena est furieuse. C'est son article qu'elle retrouve à peine modifié sous des signatures rivales. Certains passages sont mot pour mot ce qu'elle avait écrit. La formule de calcul des liaisons est exactement la sienne. Outrée, elle décide de dénoncer ce plagiat.

À partir de ce moment, elle va se trouver de plus en plus seule. Son patron Jesse Roth ne s'associe pas à son assistante pour défendre son travail, bien qu'il soit désigné comme coauteur.

Helena écrit une lettre au doyen de la faculté de Yale dans laquelle elle dénonce le plagiat de deux membres de sa faculté. Elle joint une copie des deux manuscrits. Helena émet aussi un doute sur l'authenticité des données publiées par Vijay. Outre l'accusation de plagiat, elle les soupçonne d'avoir tenté de faire obstacle à la reconnaissance de son travail en faisant retarder sa publication. Le doyen étudie ce dossier. Il compare les deux documents et reconnaît des phrases recopiées qu'il considère comme une maladresse sans importance. Puis il demande à Vijay de lui présenter ses feuilles de données. Celui-ci lui remet les documents qui concernent six patientes atteintes d'anorexie mentale. Le doyen estime les documents corrects puis envoie une réponse à Helena en lui affirmant que les études publiées sous la direction de Philip Felig ont été menées selon les règles. Le respectable doyen finit sa lettre à la jeune étudiante par un commandement courtois : « J'espère que vous considérerez cette affaire comme terminée. » Le sous-entendu est clair : « Je ne veux plus en entendre parler. »

Helena envoie ensuite le même dossier au rédacteur en chef du *New England Journal of Medicine* pour l'informer du soupçon de plagiat et mettre en cause l'honnêteté et l'impartialité de Philip Felig comme relecteur pour cette revue. À la comparaison des deux manuscrits, le rédacteur en chef reconnaît le plagiat.

Il juge que c'est peu perspicace de la part de Vijay d'avoir reproduit des phrases entières de sa concurrente, mais il refuse d'en faire un scandale. Contrarié par cette situation, sans autre raison que d'apaiser Helena et de temporiser son sentiment légitime de préjudice, le rédacteur en chef de la revue prend le contre-pied de sa précédente décision et choisit de publier l'article d'Helena sans attendre les modifications demandées.

Entracte : Helena seule face à son dilemme

Helena pourrait en rester là. La fraude de ses adversaires a été en partie reconnue et son article a été enfin accepté. Elle récupère le bénéfice d'être identifiée comme la première à publier sur ce sujet. Il n'y a plus de préjudice scientifique. Sur le plan moral, elle a remporté une victoire. Sa réputation en est renforcée. Si le conflit ne va pas plus loin, sa trajectoire de carrière et celle de son rival peuvent reprendre leurs courses sans modification majeure. Cette épreuve brûlante permet à Helena de s'endurcir sur le plan professionnel. Elle sait maintenant à quel point le monde de la recherche universitaire est animé de compétitions féroces. Cette expérience lui apporte la confirmation qu'il faut des compétences supplémentaires pour réussir dans sa carrière : de la vigilance, de la suspicion, du secret et de la pugnacité. Ses concurrents sont maintenant informés de sa capacité de riposte. Elle en sort consolidée.

C'est un temps charnière de l'affaire. Maintenant Helena a la capacité de mettre en jeu le destin de plusieurs personnes : le sien, celui de Vijay et celui de Felig. C'est le point de bascule de l'histoire. Helena est comme Antigone. Si puissant que soit

Felig et si faible soit-elle, ce qu'elle va faire maintenant peut déterminer deux issues opposées. Si elle accepte le verdict, si elle se soumet au commandement des chefs, tout peut rentrer dans l'ordre. Si elle persiste dans sa quête de vérité, si elle s'obstine, les destins de chacun y compris le sien peuvent basculer dans le chaos. En fonction de ce qu'elle décidera, plus personne ne pourra revenir à la situation antérieure.

Helena est confrontée à un dilemme. Lâcher l'affaire, c'est reconnaître implicitement l'existence toujours possible d'une fraude dans la recherche scientifique. Il lui faudra vivre avec le soupçon permanent que ce qu'elle lit dans les revues peut être arrangé pour obtenir des résultats plus beaux ou plus déterminants pour réussir une carrière. Avec la réciproque que les autres chercheurs pourraient toujours la soupçonner elle aussi d'avoir trafiqué ses résultats. À l'opposé, si elle ne lâche pas l'affaire, elle ne sait pas jusqu'où pourra l'entraîner sa quête de vérité et quels pourraient être les préjudices pour elle.

Pour résumer son dilemme : accepter la fraude, c'est vivre dans le confort universitaire au prix d'une incertitude scientifique ; refuser la fraude, c'est une satisfaction morale payée au prix exorbitant de sa tranquillité professionnelle.

Acte 2 : l'entente des chefs pour étouffer l'affaire

La publication de son article et la reconnaissance partielle de la fraude n'apaisent pas Helena. Elle ne supporte pas l'idée que les fraudeurs puissent rester impunis. Pour elle, la triche est évidente. Elle est convaincue que l'article de Vijay est totalement truqué et que les patientes anorexiques qu'il prétend avoir suivies n'ont jamais existé. Plusieurs indices la confortent dans cette intuition. Nulle part n'apparaissent les noms des psychiatres qui les auraient soignées et les noms des services médicaux dans lesquels ces soins auraient été réalisés. De plus, les résultats présentés par Vijay sont trop parfaits, les courbes de mesures sont trop belles. Helena demande qu'une enquête approfondie soit diligentée. Elle multiplie les appels téléphoniques et les courriers à diverses instances pour exiger que l'enquête aille plus loin dans la dénonciation des fraudeurs. Elle menace d'interpeller publiquement Vijay et Felig dans les congrès internationaux.

Jesse Roth, le patron d'Helena, prend alors l'initiative. Il tient dans cette histoire un rôle secondaire caractérisé par sa faiblesse morale. Cette affaire de fraude le perturbe, mais pas comme on pourrait l'attendre : parce que cette fraude représente un préjudice pour son laboratoire et sa protégée. Jesse Roth est coauteur de l'article d'Helena. Il aurait dû réagir à l'affaire de plagiat. Il aurait dû la soutenir. Il devrait se réjouir de la publication de l'article de sa jeune étudiante. Or il prend une autre voie. Il choisit de rencontrer Philip Felig pour chercher au plus vite une sortie de crise. Cette histoire produit l'effet d'une boule puante dans l'univers feutré de la recherche biomédicale. La posture de Jesse Roth, qui ne veut pas laisser Helena faire de vagues mais calmer le jeu le plus rapidement possible, illustre un comportement typique face à un mensonge. Jesse Roth réagit comme une personne inquiète qu'une affaire de fraude puisse être mise au jour chez son concurrent. Cela laisse supposer qu'il craint aussi quelque chose pour lui-même. Lorsqu'un mensonge éclate, on ne sait jamais combien d'autres peuvent surgir avec lui.

Jesse Roth et Philip Felig parviennent à se rencontrer en mars 1979. Ils comparent les deux manuscrits et conviennent que le plagiat est incontestable. Cependant ni l'un ni l'autre ne pensent à remettre en cause les études présentées par Vijay. Pour se dégager de cette affaire, ils s'accordent sur un protocole en deux points. Premièrement, contraindre Vijay à introduire dans son article une référence au travail d'Helena pour qu'il n'y ait aucune ambiguïté sur la primauté de la jeune chercheuse dans les résultats obtenus. Deuxièmement, s'engager à ce qu'il ne publie pas son article avant que toute l'affaire ne soit tirée au clair. Les deux patrons se séparent sur ces décisions dont la sagesse est incontestable. Informé de ce protocole, le doyen de la faculté de Yale – qui lui non plus ne croit toujours pas aux accusations portées par Helena – ajoute son commentaire en disant qu'il s'agit là d'une proposition très généreuse.

Jesse Roth présente à Helena ce protocole d'accord et lui demande de le signer à son tour. Helena a une dernière fois la possibilité de faire machine arrière dans sa demande d'une enquête approfondie. Elle refuse. Dès lors les rapports entre le directeur et sa collaboratrice deviennent tendus au point qu'il lui interdit d'utiliser la photocopieuse du laboratoire et de prendre sur son temps de travail pour poursuivre ses doléances. En juin 1979, Jesse Roth reprend contact avec Felig pour que l'enquête demandée par Helena soit conduite impartialement. C'est la seule façon d'obtenir qu'elle s'apaise. Ils s'accordent sur la personne de Joseph Rall, le directeur de la recherche de l'Institut national de santé. Tout le monde est satisfait de cette proposition et chacun s'attend à ce que l'enquête soit négative. Des rumeurs commencent à circuler selon lesquelles Helena serait « hystérique ». Première victime de cette histoire, Helena démissionne un mois plus tard, en juillet, pour prendre un poste de médecin à l'hôpital de Washington.

Entracte : rien ne bouge

Six mois passent, l'enquête n'a toujours pas été conduite. C'est l'illustration d'un phénomène caractéristique du comportement d'un groupe devant la dénonciation d'une fraude lorsqu'elle concerne l'un des siens : une opposition passive afin d'empêcher que la vérité ne surgisse. Ce comportement collectif est en grande partie inconscient. L'enquête fouillée qui a fait suite à cette affaire a montré qu'aucun des protagonistes mis en cause ou interpellés par Helena ne s'est concerté avec les autres pour comploter. Chacun s'est conduit de son côté comme si la fraude n'avait jamais existé. Pour chacun d'eux, il n'y avait pas de fraude tout simplement parce que la construction mentale de leur univers excluait la dimension d'un tel soupçon. La fraude est, et reste, un point aveugle dans cet univers de chercheurs convaincus que la probité est l'essence même de leur travail.

La science s'oppose à la foi. La science postule que ce qu'elle énonce est vérifiable par n'importe qui ferait l'effort de procéder à cette vérification. La découverte scientifique d'un chercheur n'est valide que si elle est reproductible par un autre chercheur. De l'infiniment petit à l'infiniment grand, le domaine de la science est délimité par ce qui est constaté, matérialisé, mesurable et contrôlé. La science est consubstantielle à la vérité. À l'inverse, la foi fait appel à la crédulité que le scientifique regarde comme une faiblesse de l'esprit. La science fait appel au raisonnement qui exige un effort d'analyse. La vertu des chercheurs se tient dans leur inlassable travail pour dégager une vérité scientifique que nul ne peut contester après qu'elle a été validée. Pour eux, il n'y a de vérité que par la science. C'est leur point de vulnérabilité. C'est parce qu'ils se pensent infaillibles qu'ils sont si vulnérables à la supercherie.

Acte 3 : deux de chute et un épilogue foireux

Pendant ces six mois, tout se passe au mieux à Yale. Philip Felig finalise son départ pour Columbia avec le projet d'y emmener Vijay. Les deux pensent que l'affaire est terminée. Ils procèdent finalement à la publication de l'article contesté, ne respectant pas l'engagement qu'ils avaient pris avec Jesse Roth de ne le faire qu'après que l'enquête prévue aurait été conduite. Cela réveille la blessure morale d'Helena qui se manifeste à nouveau pour exiger qu'un audit examine complètement le travail de Vijay. Jesse Roth recontacte celui qui s'était engagé à réaliser cet audit, lequel répond qu'il n'a pas eu le temps et qu'il n'en aura pas à consacrer à cette affaire qui l'agace plus qu'autre chose. De son côté, le doyen de Yale souhaite que l'enquête ne tarde pas, car la réputation de son université est en jeu. Il faut laver l'institution des soupçons qu'Helena a fait peser sur ses chercheurs. Roth et Felig s'accordent pour faire venir un autre chercheur de renom, Jeffrey Flier, de l'Université Harvard. Vijay accueille Flier à sa descente de train et le conduit dans son laboratoire. Flier s'assoit devant le bureau où sont déposés les dossiers qu'il doit examiner. Vijay soupire : « Est-ce que ce n'est pas ridicule d'en arriver à vous ennuyer avec tout ça ! » Ils bavardent une demi-heure puis Flier propose de passer à l'examen des dossiers. Première surprise, il n'y en a que cinq sur les six attendus. Seconde surprise, ils ne contiennent aucune grille de mesure. Les courbes n'ont rien à voir avec des courbes de fixation d'insuline. Flier examine une à une les pages des dossiers, toutes sont incorrectes. Il est évident que les courbes présentées dans l'article ne peuvent en aucune façon avoir été déduites des données examinées. Flier se tourne vers Vijay et lui demande : « Que dois-je penser de tout cela ? » Vijay bredouille une vague excuse et incrimine les techniciens de son laboratoire. Flier lui demande alors : « Dans ce cas, pourquoi avez-vous publié un article avec des données que vous saviez fausses ? » Vijay s'effondre et reconnaît que les données ont été « arrangées ». Il a fallu moins d'une heure d'examen des pièces pour faire tomber la fraude. Cet examen, ni Felig ni le président de l'université n'avaient été en mesure de le réaliser correctement, alors que ces mêmes pièces leur avaient été présentées un an auparavant.

Flier fait son rapport à Felig qui découvre abasourdi qu'il a couvert depuis un an une énorme supercherie. Il fait convoquer Vijay dans le bureau de directeur du département de la faculté de médecine de Yale. Vijay s'effondre en larmes, parle de destin, de ses difficultés avec la langue anglaise, des pressions qu'il subit. Il reste flou dans ses réponses, ce qui laisse supposer que, comme l'avait deviné Helena, toute l'étude était bidon. Vijay est contraint à la démission et quelques semaines après retourne en Inde. Philip Felig est touché à son tour. L'Université Columbia le contraint à renoncer à la chaire de médecine. Il obtient de pouvoir réintégrer son laboratoire de Yale, mais avec des prérogatives réduites et un rang hiérarchique inférieur.

Épilogue : tout le monde est perdant

Dans l'enquête qui suivit, aucun journaliste n'a été en mesure d'entrer en contact avec Vijay qui disparut de l'univers de la recherche médicale. Helena quitta l'hôpital pour s'installer en cabinet privé. Felig fut déchu de ses responsabilités de relecteur dans les revues médicales.

L'Université Yale dut faire des démarches auprès de la revue de médecine pour y faire retirer l'article que Vijay avait fait publier deux mois plus tôt. La revue demanda à Yale de procéder à un examen de toutes les publications précédentes de Vijay. Elles étaient au nombre de quatorze. Après une étude approfondie, Yale dut demander le retrait de douze d'entre elles qui étaient frauduleuses.

L'univers de la recherche biomédiale voulut établir des règles pour éviter que cette situation se renouvelle. Les chercheurs instituèrent le contrôle par les pairs et la déclaration de conflits d'intérêts. Il faut reconnaître que ces nouvelles mesures sont peu opérantes. Plusieurs enquêtes ont montré qu'en moyenne deux études biomédicales sur trois sont invalidées dans les années qui suivent leur publication. Richard Harris, un journaliste américain, a fait les comptes dans un ouvrage paru en 2017, non traduit en français. 30 milliards de dollars sont dépensés chaque année aux États-Unis dans la recherche biomédicale pour des études supposées brillantes et incontestables qui sont ensuite invalidées dans leur grande majorité. Et il constate que rien, ou si peu, n'est mis en place pour corriger ce dysfonctionnement coûteux sur lequel se fondent des protocoles de traitements inutiles, voire dangereux. Il dénonce un scandale. Il cite une responsable de l'administration américaine du médicament : que dirait-on si neuf avions sur dix s'écrasaient après le décollage ? On s'étonne qu'en matière biomédicale on puisse tolérer un tel taux d'erreur. Cela s'explique par un effet fauvette massif : personne ne veut regarder les faits en face. L'obligation de performance pousse chaque chercheur dans une impitoyable sélection. La quantité de publication est prioritaire. Dans cette compétition, comme dans le sport, la fin justifie les moyens. Chacun « arrange » au mieux ses résultats pour passer devant. Entre 60 % et 90 % des études publiées, indiquant des mesures présentées comme valides, n'ont aucune valeur lorsqu'elles sont vérifiées. Dans ce domaine, l'effet fauvette est très inquiétant.

CHAPITRE 17

Les imperfections de la vérité judiciaire

La mémoire n'est pas fiable. Les souvenirs sont pleins d'erreurs. L'École nationale de la magistrature forme les juges et les procureurs. Durant cette formation, les stagiaires sont soumis à un exercice inattendu et singulier. L'histoire est racontée par Éric de Montgolfier. Un jour, sans aucune information sur ce qui allait se passer, la totalité de sa promotion fut appelée pour se réunir dans le grand amphithéâtre. Sur les pupitres, une feuille et un crayon attendaient chacun des cent quatre-vingts stagiaires. La salle fut plongée dans l'obscurité pour la projection d'un film. Le brouhaha cessa pour faire place au silence et à la concentration. La surprise vint. Les images étaient celles d'un crime qui se déroulait devant leurs yeux. Le film terminé, il était demandé à chacun de témoigner de ce qu'il avait vu et de décrire le meurtrier. Éric de Montgolfier se souvient que sa description s'était avérée « incroyablement fausse ». Les élèves magistrats apprirent par cette expérience combien un témoignage de bonne foi pouvait être totalement faux.

La justice est l'œuvre des hommes. Cela fait son imperfection. Elle ne sera jamais qu'un artefact de la réalité. Pour l'exercer, les hommes ont organisé un système de forces antagonistes qui concourent au même but : dénoncer les mensonges et établir une vérité. Regardons cette organisation dans le cas des crimes. Le magistrat instructeur dirige les officiers de police judiciaire qui recueillent les indices et les témoignages pour construire le dossier pénal. Lors du procès, l'avocat général charge les suspects de toutes les accusations contenues dans le dossier. En face, les avocats de la défense contre-attaquent avec leur éloquence et démontent les preuves. Sur le côté se tiennent les membres du jury. Ils ne parlent pas. On leur demande d'écouter. Ils diront leur intime conviction à la fin du procès. Toute l'étrangeté et tout le suspense d'un procès tiennent dans cet acte final. Après des semaines de joutes oratoires entre professionnels, ce sont des citoyens ordinaires qui se prononceront. Le Code pénal leur demande « de chercher, dans la sincérité de leur conscience, quelle impression ont faite sur leur raison les preuves apportées contre l'accusé ». Il est risqué de confier ainsi le destin d'un accusé à des hommes et des femmes sans expertise. Personne n'est en mesure d'évaluer ce que vaut la « sincérité de leur confiance ». Ce seront ces personnes tirées au sort qui donneront à la vérité sa forme définitive. Au tribunal plus qu'ailleurs la vérité expose sa fragilité.

« *Le procès est une comédie* »

C'est un avocat pénaliste célèbre, Henri Leclerc, qui le dit. Le procès est une cérémonie avec son cadre, ses formes et ses codes. Les acteurs ont des costumes qui les identifient.

Les avocats portent une toge noire et un col blanc. Les juges ont une robe rouge bordée d'hermine. Le président distribue les temps de parole. Chacun y joue son rôle le mieux possible selon un ordre prescrit.

De cette représentation, on attend qu'elle construise la vérité judiciaire. Il y a les indices à partir desquels l'hypothèse criminelle prend forme. Petit à petit apparaît une première vérité qui permet d'accuser quelqu'un d'être l'auteur d'un crime. Chaque fois qu'il a dû défendre un accusé, Henri Leclerc s'est inspiré d'une phrase d'un professeur d'archéologie, André Leroi-Gourhan : « C'est curieux cette faculté déconcertante qu'ont les faits de s'aligner dans le bon ordre pour peu qu'on les éclaire d'un seul côté à la fois. » Nous sommes invités à comprendre qu'il y a toujours plusieurs vérités possibles, pour peu que l'on fasse varier la perspective dans laquelle les faits sont examinés. Le procès judiciaire est un combat pour faire émerger une vérité plus forte qu'une autre, chaque acteur étant possédé par son idée de la vérité.

L'avocat de la défense est d'autant plus impliqué qu'il croit à la vérité qu'il défend. Il met ses forces dans ce combat qu'il peut perdre ou gagner. Au début du procès, l'avocat général lit l'accusation qu'il étaye des preuves que contient le dossier. Le jury a déjà tout pour être convaincu. Il faut alors que l'avocat lutte pied à pied contre l'accusation pour faire vaciller la conviction des jurés. Chacun veut que la vérité judiciaire soit le plus proche possible de la vérité réelle. À la fin tout devient douteux. C'est la vérité la plus crédible qui l'emportera. Henri Leclerc raconte cette anecdote amusante : lors d'un procès, il avait plaidé avec conviction. Le juge avait ensuite demandé à l'accusé s'il avait quelque chose à ajouter à la plaidoirie de son défenseur. Celui-ci maladroit avait répondu : « Mon avocat m'a convaincu que je suis innocent. » Même le criminel doutait de son crime. Cette réponse ne fit pas une bonne impression sur le jury.

Le malheur des innocents

Le problème de la vérité judiciaire, c'est qu'une fois établie elle devient extrêmement difficile à corriger, même si aux yeux de tous elle s'avère être une erreur manifeste. La liste des erreurs judiciaires est longue. L'histoire d'Eugène Dieudonné en est une parmi d'autres, racontée par Albert Londres. Dieudonné était ébéniste. Il fréquentait le milieu anarchiste. Ses sympathies politiques firent qu'il était fiché par la police. Il avait lu les ouvrages classiques : Aristide Briand, Gustave Le Bon, Friedrich Nietzsche. On disait de lui qu'il était un intellectuel. Il était cultivé, modeste. Tout au long de sa terrible histoire, il eut la faculté d'émouvoir ceux qui le côtoyèrent. Il fut condamné sur un témoignage hasardeux. La bande à Bonnot avait attaqué une agence bancaire et un garçon de recette avait été grièvement blessé. Lors de son audition, on fit passer à la victime plusieurs photographies. Il identifia trois personnes : son agresseur, un inspecteur de police dont on avait glissé le portrait parmi les photos des anarchistes, puis il désigna Dieudonné comme ayant fait partie de la bande. Lors du procès de Garnier, l'auteur du coup de feu, et celui de ses deux complices Bonnot et Callemin, tous innocentèrent Dieudonné. Rien n'y fit. Le jury s'était fait son idée. Dieudonné fut condamné à mort. Beaucoup de ceux qui suivirent le procès furent émus de l'injustice. Le président de la République fut interpellé. Raymond Poincaré se fit présenter le dossier. Il vit que le garçon de recettes avait changé trois fois sa déclaration et qu'il n'y avait aucune preuve pour accréditer sa dernière version. Poincaré ne fit pas mieux que d'accorder sa grâce à Dieudonné. Ce fut quand même un malheur. Dieudonné n'échappa à la guillotine que pour la réclusion à perpétuité. Il fut déporté au bagne. À Cayenne, il se montra exemplaire. L'administration paya des mouchards pour le surveiller. On ne lui trouva aucun vice. La droiture de Dieudonné lui valut l'estime de tous. Il avait fait dix ans de réclusion lorsqu'à l'initiative de son avocat les chefs du bagne, avec le soutien du gouverneur de Guyane, adressèrent au ministre de la Justice une demande de révision qui fut refusée. Albert Londres rencontra Dieudonné la première fois au pire moment de sa réclusion, aux îles du Salut où il purgeait une peine supplémentaire pour avoir tenté de s'évader. Même dans ces conditions atroces, Dieudonné était traité avec douceur par ses gardiens. Ils lui laissaient de quoi lire et écrire. Dieudonné disait qu'il était mieux traité dans sa peine qu'il ne l'avait été dans sa condamnation. Le reportage d'Albert Londres fit grand bruit. Le président de la République fut à nouveau interpellé qui accorda une remise de peine de cinq ans. Toutes les volontés se joignaient pour soulager le malheureux, mais aucune ne parvint à lever complètement l'injuste condamnation. Dieudonné fit le calcul. Il lui faudrait encore tenir deux ans, neuf mois et vingt-trois jours. C'était trop. Il s'évada encore et trouva refuge au Brésil où, dès qu'il sut cette nouvelle, Albert Londres le rejoignit. Dans ce pays, Dieudonné fut reçu comme une célébrité. Il incarnait la plus célèbre erreur judiciaire française depuis l'affaire Dreyfus. Partout on lui offrait un cigare, on l'invitait à dîner, on voulait entendre le récit de son évasion. Albert Londres usa de ses relations pour le réhabiliter. Après quelques tracas administratifs, Dieudonné fut relevé de sa peine et l'ambassade de France lui offrit un passeport. Il put rentrer en France.

Quatre mois plus tard, il déjeunait dans un bistrot parisien avec son épouse. À la table à côté de lui, par un pur hasard, déjeunait Eugène Merle, ancien militant anarchiste devenu patron de presse. Les deux Eugène se reconnurent et s'embrassèrent. « J'ai souffert, tu sais, dit Dieudonné, et dire que je suis innocent. » À quoi Merle lui fit cette réponse sévère : « Écoute, Eugène, tu ne vas pas me le faire à moi le coup de l'innocence. D'ailleurs, si tu étais innocent, tu n'intéresserais personne ! »

Cette remarque est terrible. Elle montre que les innocents sont des parias. Une majorité de gens s'arrangent avec la vérité judiciaire, fût-elle fausse. La puissance d'un jury est si définitive que, même quinze ans après, l'erreur reste préférée à la vérité.

Celui qui avoue ne dit pas toujours la vérité

Henri Leclerc est connu pour la détermination avec laquelle il s'est engagé dans différents combats judiciaires ou politiques, dès lors qu'il les croyait justes. Cette détermination lui vint d'un épisode douloureux de son enfance. C'était l'hiver, il avait 11 ans. Il revenait seul de l'école. Une bande de jeunes commença à lui jeter des pierres. Il en ramassa une à son tour prêt à se défendre. Avant qu'il l'eût lancée, il entendit un bruit de carreau cassé. Les agresseurs déguerpirent en même temps que surgit une mégère qui se rua sur lui. Ses parents furent appelés. En rentrant à la maison, il raconta son histoire. Sa mère ne le crut pas. Son père entra dans une colère noire. Son histoire ne tenait pas debout. Son frère rigolait. Sa mère se lamenta d'avoir un enfant qui mentait et se mit à pleurer. Henri Leclerc se sentit acculé. Il voyait bien qu'il ne pouvait pas s'en sortir. Il ne supporta plus le regard de ses parents. Il voulut se réconcilier avec eux. Il céda. Il raconta qu'il avait jeté la pierre dans le carreau. Soixante-dix ans plus tard, au soir de sa vie et de sa grande carrière, il confia la vieille cicatrice que ce maudit soir avait laissée dans sa mémoire : « C'est quand j'ai avoué que j'ai menti. »

N'avouez jamais !

Jean-Charles Avinain avait été tour à tour soldat, boucher et voleur, ce qui lui valut plusieurs condamnations et dix-huit années au bagne. À 68 ans, il s'improvisa marchand de fourrage et assassin. En mars puis en juin 1867, on l'aperçut au marché de la Chapelle acheter d'importants chargements de foin. On ne revit jamais les deux paysans qui lui avaient vendu leurs marchandises. On ramassa dans la Seine des tronçons de corps. La seconde fois, la victime put être identifiée. Avinain fut arrêté. La première chose qu'il déclara fut : « Je suis innocent ! » Lors de l'enquête, le commissaire de police s'y prit avec douceur. Il le convainquit d'avouer les deux crimes moyennant la garantie qu'en raison de son grand âge il pourrait bénéficier de la grâce impériale. Avinain eut la faiblesse de croire ce mensonge. Il fut condamné à mort. Au pied de la guillotine, avant de basculer sur l'échafaud, face à la foule, il fit cette déclaration :

« Messieurs, n'avouez jamais ! N'avouez jamais, c'est la vérité qui m'a conduit ici. »

L'œuvre de justice peut être observée comme le travail pour faire surgir la vérité contre des forces qui défendent le mensonge. S'il n'y a pas de preuve permettant de l'accuser, un criminel reste libre et impuni tant qu'il maintient son mensonge et nie son acte. C'est insupportable pour la victime. C'est insupportable aussi pour celui qui a la charge d'empêcher ou de réprimer le crime. Un policier chargé d'une enquête qui n'est pas en mesure d'apporter une preuve au procureur se trouve dans une situation difficile. Obtenir les aveux est le dernier recours de l'enquêteur malheureux qui n'a pas de preuve. Mais les aveux ont peu de valeur. Il suffit de les rapporter aux conditions dans lesquelles ils sont obtenus. Ces conditions s'appelaient autrefois « la question », un euphémisme pour désigner la torture. Jean de La Bruyère disait de la torture qu'elle était une invention merveilleuse et tout à fait sûre pour perdre un innocent qui a la complexion faible et sauver un coupable qui est né robuste. Trois siècles plus tard, rien n'a changé. La justice et l'opinion publique n'acceptent pas la nullité des aveux lorsque les preuves les invalident.

La haine contre l'innocent et ses avocats

Ce fut le cas dans l'affaire appelée l'« affaire Richard Roman ». Richard Roman était un marginal, un ingénieur agronome revenu à une vie rustique et précaire. Il avait installé son gîte dans l'arrière-pays provençal. Il vivait comme un semi-sauvage dans une tente indienne, sans eau courante ni électricité. Il marchait pieds nus. Lorsqu'il passait au village, il incommodait ceux qu'il croisait avec son odeur corporelle. Il subsistait des maigres revenus de la vente de ses fromages de chèvre que les gens du pays trouvaient mauvais. Les gendarmes le surveillaient, car il roulait dans une guimbarde qui n'était pas assurée. Il hébergeait des marginaux de passage. Un soir, une petite fille de 7 ans disparut et fut retrouvée le lendemain au bord de la rivière. Elle avait été violée et tuée, la tête broyée à coups de pierre. Les villageois l'avaient vue la veille partir en tenant la main d'un travailleur saisonnier, Didier Gentil, qui fut interpellé et qui avoua rapidement son crime. Mais pour partager sa culpabilité il dénonça Richard Roman en déclarant que c'était ce dernier qui avait tué la petite fille après l'avoir violée à son tour. Roman fut interrogé dans des conditions proches de la torture. Quarante-huit heures sans manger ni boire, nu et enchaîné, contraint de rester debout avec la foule qui dehors hurlait : « À mort ! » Il avoua. Des aveux secs. Des « Oui, j'ai tué », des « Oui, c'est moi », des « Oui, c'est bien cette pierre ». Il fut transféré dans le bureau du procureur devant lequel immédiatement il se rétracta.

Mais il avait signé des aveux.

Rapidement, aux yeux de ses avocats, d'un journaliste puis du juge d'instruction, apparut une série d'indices concordants pour lever les soupçons : les témoins donnaient des horaires qui excluaient que Roman se trouvât sur les lieux du crime aux temps où il se produisit, les prélèvements biologiques accablaient Gentil et excluaient que Roman eût souillé la petite fille, les mensonges de Gentil révélaient les incohérences de son récit du meurtre de la petite fille auquel il associait Roman.

Cette affaire fut particulière en raison de la longueur inhabituelle de l'instruction. Quatre années s'écoulèrent entre le crime et le procès. Plusieurs magistrats se succédèrent au cours de l'instruction. Ce délai anormalement long permit que se montrât d'une façon caricaturale la haine publique contre un innocent qui avait formulé des aveux. Les avocats furent menacés de mort et molestés par la foule. Sous la violence du public, la tentative de reconstitution échoua et Henri Leclerc dut s'enfuir sous protection policière, à demi nu et le visage en sang. Dans les préfectures de la région, les foules manifestaient pour demander le rétablissement de la peine de mort. Les vitres du palais de justice de Digne furent caillassées lorsque le juge d'instruction prit la décision de remettre Richard Roman en liberté, ce qui poussa le ministère public à contredire ce juge et à faire remettre Richard Roman en détention. Un hebdomadaire grand public et grand spectacle organisa un référendum par Minitel. À la question : « Roman est-il ou non coupable ? », 75 % de réponses affirmaient sa culpabilité avant même que le jugement n'ait commencé.

Le procès des aveux

Le procès se déroula dans une ambiance tendue. L'attention se focalisait sur Roman. Aux premiers jours tout sembla jouer contre son innocence. Il se présentait mal et s'exprimait mal. Dans un tribunal, les innocents sont ceux qui se défendent le moins bien. Ils ont peur que leurs déclarations se retournent contre eux.

Henri Leclerc interrogea les gendarmes qui avaient obtenu les aveux de Richard Roman. Ceux-ci reconnurent les conditions de la garde à vue et du recueil des aveux. Ils décrivirent Richard Roman passant aux aveux « comme s'il délirait et n'était plus lui-même… comme s'il était en transe ». Dans la salle comme sur le banc des jurés, une opinion inverse commença à prendre forme. Henri Leclerc s'appuya sur l'histoire de Minz, le chien policier qui avait suivi les traces de la petite jusqu'au bord de la rivière, alors que Didier Gentil avait raconté que Roman l'avait transportée dans sa voiture. Le chien se serait-il trompé ? « Minz ne ment jamais », s'écria le maître-chien. Quelques rires dans la salle montrèrent que le public se dissociait de la version de Didier Gentil. Puis un homme vint témoigner pour dire que les gendarmes avaient fait pression sur lui : « Vous n'allez pas aider un salaud » pour qu'il modifie son témoignage afin d'arranger les heures qu'il avait indiquées dans sa première déposition. L'avocat général reprit alors les déclarations de Didier Gentil et le mit face à ses incohérences. Ce dernier bafouilla puis reconnut avoir inventé la participation de Roman à ce crime horrible. Au terme du procès, l'avocat général demanda la perpétuité contre Gentil et l'acquittement de Roman.

La suite ne fut pas une belle histoire. Richard Roman fut agressé et dut se cacher. Il enchaîna les hospitalisations psychiatriques. Un matin, il fut retrouvé mort d'une intoxication médicamenteuse dans le petit appartement d'Annecy où il s'était réfugié. De leur côté, les parents de la petite fille refusèrent de s'incliner devant l'innocence de Roman, préférant croire à un complot. Pour eux, la justice avait sacrifié Didier Gentil, un enfant de l'assistance publique, pour sauver Richard Roman, le fils d'une famille bourgeoise. Ils regardaient Gentil comme une victime et plaignaient le sort de cet homme qui avait atrocement abusé et tué leur petite fille. Spectaculaire effet fauvette face au drame qui les avait brisés.

CHAPITRE 18

La fabrique de l'histoire

L'histoire est l'effort conjugué de la mémoire et du raisonnement par lequel on établit un récit des événements passés et de leurs enchaînements. L'histoire est subjective. Elle dépend de celui qui la raconte. À un même événement peuvent correspondre des récits différents.

Chaque individu tisse son histoire à partir de ses souvenirs. Il n'a pour la construire que ses souvenirs à sa disposition depuis l'âge de 4 ans environ. La mémoire est un système imparfait. Plus les événements relèvent d'un passé lointain, plus les souvenirs sont amputés et déformés.

En deçà de ses souvenirs personnels, tout individu construit sa préhistoire à partir des faits antérieurs à son existence. S'il n'y a pas eu de rupture familiale, il hérite du récit de ses parents. Plus avant il reçoit en partie le récit de ses grands-parents. Au-delà, l'histoire des générations précédentes se perd et cela crée un manque. Or chacun a besoin d'un récit des origines. Notre identité individuelle s'enracine dans une identité collective. Nous la forgeons sous la forme d'une histoire de notre communauté. C'est l'histoire telle qu'elle est enseignée dans les livres scolaires. Les élèves y apprennent leurs leçons à partir desquelles ils établissent des certitudes qu'ils transmettront à leur tour. C'est ainsi qu'à l'échelle d'une population se construit une œuvre entre la réalité et la fiction, une œuvre que nous pouvons appeler le « roman national ». Chaque groupe humain s'identifie et se lie autour de ce récit commun des origines qui intègre, d'un groupe à l'autre, des différences selon les cultures.

La vérité historique est douteuse

Le domaine de l'histoire est un terrain de choix pour analyser la nature changeante de la vérité. On se laisse aller à la regarder comme un passé que l'on croirait révolu et figé. Or il n'y a pas plus changeante que l'histoire. À l'échelle du temps long, cette vérité est mouvante. Elle varie parce qu'elle dépend de la position de celui qui l'établit. Le fabricant de l'histoire a toujours une intention lorsqu'il travaille son sujet. La vérité historique est une construction. Elle est le produit d'un travail sous influence. C'est l'effort du souvenir avec la collecte scrupuleuse de toutes les informations disponibles associées au mouvement plus obscur qu'est la forge d'un mythe. Les deux forces conscientes et inconscientes se conjuguent pour donner des résultats variables en fonction des temps et des lieux. Il est sain d'accepter le principe que les vérités historiques sont fondées sur des appréciations partielles et erronées. Napoléon Bonaparte disait de l'histoire qu'elle est une série de mensonges sur lesquels on est d'accord. C'est ce que suggérait Jean Cocteau qui disait que l'histoire est construite à partir d'événements réels qui deviennent des mensonges tandis que les mythes sont construits à partir d'événements imaginaires qui deviennent des vérités.

Voilà les professeurs d'histoire devant un paradoxe. Ils doivent développer chez leurs élèves la capacité à remettre en cause les connaissances qu'ils essaient de leur inculquer.

Nos ancêtres n'ont pas toujours été les Gaulois

La fonction de l'histoire, celle présentée dans les manuels scolaires, est de légitimer l'état du présent. La question à laquelle répondent en premier les manuels d'histoire est celle des origines. Lorsque Pierre Gaxotte rédige *L'Histoire des Français*, il commence par la description d'un périmètre dans lequel évoluaient des hommes à l'âge de pierre qui ne se considéraient pas comme français. Il explique que, bien avant que la nation française existât, il y avait la Gaule, et que, bien avant les Gaulois, le territoire était déjà parcouru par des êtres semblables à nous. Pierre Gaxotte raconte l'histoire d'une zone géographique et de son occupation au fil des migrations. Lorsque Bossuet enseigne l'histoire de France au dauphin, il la fait démarrer en l'an 420 avec celui qui est considéré comme le premier roi des Francs, Faramond, qui n'a probablement jamais existé. Bossuet raconte l'histoire d'un pouvoir et de sa transmission. Lorsque Jules Michelet rédige le *Tableau de la France*, il écrit que l'histoire de France commence avec la langue française. Alors il la fait démarrer en 843 au premier texte officiel rédigé en français, le serment de fidélité dicté par Charles le Chauve à son frère. Michelet raconte l'histoire d'une nation et de son développement spirituel. Ces trois exemples montrent que l'histoire est une pâte malléable à laquelle on peut donner des formes différentes selon les points de vue. Ces variations sont le fait des circonstances et des opportunités.

Jusqu'à la fin du XVIIIe siècle, les Gaulois n'apparaissaient pas dans l'identité nationale. Puis parut un ouvrage historique, le premier qui leur fût entièrement consacré, la monumentale *Histoire des Gaulois* écrite par Amédée Thierry et publiée en trois gros volumes entre 1828 et 1845. Quelle motivation avait présidé à l'écriture d'une telle œuvre historique ? Dans l'introduction, l'auteur expliquait qu'il voulait donner une même origine au peuple français. C'était une entreprise nationaliste. Amédée Thierry construisait une origine commune pour chaque Français, qu'il désignait comme un « entre nous », une famille qui s'appellerait la France après s'être appelée la Gaule, habitée par un peuple qu'il voulait unique, « antérieur à tout mélange de sang étranger ».

L'invention d'un héros

Pour unifier cet ensemble de peuples disparates, il fallait inventer un héros. Plusieurs chefs auraient pu l'incarner. On choisit un jeune Arverne dont on ne connaît pas le nom, mais seulement le titre : Vercingétorix, terme qui signifie « généralissime » (ou grand roi aux cent combats selon d'autres sources). Dans son *Histoire de France*, Jules Michelet ne cite ce personnage que sous la mention de son titre : « le vercingétorix », sans majuscule à l'initiale. Par le jeu d'écriture d'Amédée Thierry, le nom commun du titre militaire du jeune chef devint son nom propre et prit une majuscule.

Vercingétorix est un héros anachronique. Il n'était célébré comme un grand personnage ni au Moyen Âge, ni à la Renaissance, ni au siècle des Lumières. Il est absent de l'*Encyclopédie* de Diderot. Pendant toute cette période, la figure admirée fut celle de Jules César. C'est normal, César avait la gloire pour lui. Il était le vainqueur de la guerre des Gaules et aussi le seul rédacteur du récit qui nous soit parvenu. Les autres documents à la disposition des historiens sont beaucoup plus tardifs. Ils sont postérieurs d'un siècle pour celui de Suétone et de deux siècles pour celui de Dion Cassius. Ce sont des récits remaniés en fonction de ce que l'un et l'autre souhaitaient montrer de l'histoire des Césars et de l'Empire romain.

Jules César avait toutes les positions avantageuses pour briller et établir sa propre légende. Le chef gaulois qu'il avait vaincu, Vercingétorix, n'était jusqu'au XIXe siècle qu'un jeune chef courageux mais malheureux. Il avait fédéré une partie des forces gauloises pour s'opposer aux armées romaines, lesquelles avaient le soutien de l'autre partie des forces gauloises fédérées par son oncle Gobannitio. La guerre des Gaules fut surtout une succession de combats entre tribus dont Jules César sut habilement tirer parti. Voici comment sous la plume d'Amédée Thierry naquit le héros gaulois : « [...] Il y avait alors chez les Arvernes un jeune chef d'antique et puissante famille, nommé Vercingétorix. [...] Héritier de la vaste clientèle et des biens de son père, Vercingétorix sut de bonne heure effacer, par des vertus et des qualités brillantes, la défiance et la défaveur imprimée sur sa famille ; sa grâce, son courage le rendirent l'idole du peuple. César ne négligea rien pour se l'attacher ; il lui donna le titre d'ami ; il lui fit entrevoir, comme la récompense de ses services, ce haut degré de puissance où Celtill avait aspiré en vain.

Mais [...] Vercingétorix avait trop de patriotisme pour devoir son élévation à l'avilissement de son pays, trop de fierté pour l'accepter des mains de l'étranger. »

Une ode au héros

Surgie au début du XIXe siècle, la gloire de Vercingétorix fut soutenue par un autre empereur, Napoléon III. C'était une période au cours de laquelle aux frontières de la France des menaces grandissaient. Deux nations jusque-là morcelées étaient en train de s'unifier. Bismarck œuvrait à l'unité allemande, Cavour à l'unité italienne. Napoléon III voulait prouver que la France était forte parce qu'elle était une unité qui avait plus de deux mille ans d'histoire. Il s'engagea personnellement dans des travaux archéologiques avec l'objectif de construire un récit de la « nation gauloise », laquelle n'avait jamais existé.

La première biographie consacrée à Vercingétorix fut écrite en 1863 par un militaire en retraite, Michel-Antoine Girard, sur commande de Napoléon III. Elle fut rédigée à partir des commentaires de Jules César – dont on sait qu'il les a écrits pour se mettre en valeur – et des commentaires des biographes de Jules César rédigés bien après les événements. Ces différents éléments sont réunis par Michel-Antoine Girard pour construire une figure exemplaire, admirable et infaillible. Il se laisse entraîner par son chauvinisme. Ses jugements témoignent de son parti pris : noircir le Romain pour sublimer le Gaulois. « César, plein de sa mauvaise foi habituelle, s'est efforcé d'obscurcir la gloire du héros arverne en le présentant comme un héros vulgaire [...]. Qui aurait pu croire qu'une pareille accusation serait formulée contre Vercingétorix par César qui n'établit sa domination sur les Romains qu'après avoir inondé l'univers des flots de sang ; qui [...] fut le persécuteur de tous les citoyens vertueux de Rome, et dont le parti ne se composa jamais que des scélérats de cette ville et de l'Italie ? » Il met dans les paroles de Vercingétorix les formules « le salut de la patrie », « l'amour de la patrie ». Ces phrases montrent que l'intention de Michel-Antoine Girard rejoignait celle d'Amédée Thierry : construire une fiction patriotique. À l'époque de Vercingétorix, ces formules n'existaient pas et n'auraient eu aucun sens.

Un chef gaulois ne peut pas avoir de faiblesse. Michel-Antoine Girard l'idéalise et se fait le chantre de sa perfection. Il parle de « la force inébranlable de l'âme de ce héros ». Il vante « la rectitude profonde de son jugement ». Il fallait donc inventer une cause extérieure à Vercingétorix pour expliquer les échecs de sa cavalerie. Voilà comment cette cause est expliquée : « Le généralissime des Gaulois n'avait sur ses chefs de guerre qu'une autorité très restreinte. [...] ces chefs se livraient trop facilement, en dépit de lui, à des élans inconsidérés de bravoure [...]. La responsabilité de ces échecs doit retomber sur l'imprudence des généraux de sa cavalerie. » Même vaincu, Vercingétorix n'avait aucun défaut, ainsi que le voulait le biographe qui lui dessinait une personnalité parfaite. Michel-Antoine Girard n'écrit pas l'histoire, il établit une légende faite pour durer.

La mort de Vercingétorix

Captif, Vercingétorix fut emmené par Jules César. Pendant six années, il fut ballotté d'un endroit à l'autre, au gré des campagnes de l'armée romaine qui achevait d'unifier et de pacifier la Gaule. Au retour de César à Rome, Vercingétorix fut exhibé lors de la parade triomphale. Puis il disparut du récit. Jules César ne dit rien de ce qu'il fit de son prisonnier. Plusieurs suppositions ont été formulées. La première est celle d'une exécution après qu'il eut été exhibé à la population romaine, ce qui était le sort commun des prisonniers de guerre. Ils étaient habituellement étranglés. Des variantes de son martyre ont été proposées, qui racontent qu'il a été décapité après qu'il eut été mutilé, les yeux crevés. D'autres, qu'il était mort de faim dans un cachot obscur dont il ne sortit jamais. Une autre hypothèse serait qu'il ait bénéficié d'un statut préservé compte tenu de ses ascendances royales et qu'il ait vieilli en captivité. Les partisans de cette version l'argumentent à partir d'une pièce de monnaie romaine qui présente le profil d'un homme captif, amaigri et hirsute, une corde autour du cou. Il n'existe aucun écrit fiable qui donne une suite à l'histoire de Vercingétorix après la parade romaine, ce qui rend possibles toutes les hypothèses et stimule l'imagination. C'est ainsi qu'en 1973, dans un numéro de la série « Les grandes batailles de l'histoire » sur Alésia, le journaliste Henri de Turenne et le documentariste Daniel Costelle inventèrent l'exécution de Vercingétorix : « Vercingétorix avait 26 ans. Après six ans ici, ses cheveux et sa barbe hirsute lui couvraient le visage. Il n'avait plus forme humaine. Il ne résista même pas lorsque le bourreau lui passa le lacet autour du cou. » Voilà comment on embellit une légende.

Le choix d'Alésia

Pour élever un culte national au nouveau héros de l'histoire de France, il fallait un lieu. On ne connaissait ni celui de la naissance de Vercingétorix ni celui de sa sépulture. On aurait pu choisir le site de sa victoire contre les Romains, à Gergovie près de Clermont-Ferrand. Mais le choix de Napoléon III se porta sur le site de la défaite, Alésia. Pourtant ce fut une défaite cuisante parce que les Gaulois furent contraints à la reddition malgré leur supériorité en nombre. Ce choix de célébrer l'humiliation souligne un trait significatif de la piété nationale voulue par Napoléon III. La bravoure du vaincu était plus crédible que celle du vainqueur. En magnifiant sa victoire, Jules César magnifiait la valeur de celui qui s'était courbé en jetant ses armes à ses pieds.

Des missions archéologiques furent diligentées pour rechercher le site d'Alésia. Les indications données par Jules César dans son récit étaient précises : la hauteur et la surface du plateau sur lequel les forces gauloises s'étaient réfugiées, la distance de la plaine où les combats furent engagés, la longueur des systèmes de défenses construits par les Romains pour tenir le siège. Faute de précision géographique, plusieurs villes étaient candidates : Alès dans le Gard, Alise en Côte-d'Or, Alaise dans le Doubs, Aluze en Saône-et-Loire.

Napoléon III créa une commission archéologique chargée d'étudier les sites gaulois et s'engagea personnellement dans les fouilles à Alise-Sainte-Reine. Il y fit construire un musée où furent entreposés les vestiges exhumés sous sa direction. Il fit ériger au sommet du mont Auxois une statue démesurée de

15 mètres de haut sur le socle de laquelle on pouvait lire la formule : « La Gaule unie, formant une seule nation, animée d'un même esprit, peut défier l'univers. »

La légende nationale et sa fonction

Dix ans après la reconnaissance officielle d'Alésia, l'Empire français chutait à Sedan. Comme Vercingétorix sur le mont Auxois qui avait remis ses armes à César, le général Bazaine avait capitulé à Metz, déposant les armes devant le général prussien qui tenait le siège de la ville. La Lorraine devenait allemande. Il fallait relever la nation de cette humiliation. La figure de Vercingétorix entra dans l'école publique grâce à l'historien Ernest Lavisse qui l'adapta et en fit une leçon pour les écoliers. Ernest Lavisse était un professeur emblématique de la volonté éducative et de la promotion scolaire républicaine. Il avait été aussi le répétiteur d'histoire du fils de Napoléon III. Voici, dans sa version de 1936, l'extrait de son cours d'histoire de France destiné aux élèves du cours moyen première année : « Ainsi Vercingétorix est mort pour avoir défendu son pays contre l'ennemi. Il a été vaincu, mais il a combattu tant qu'il a pu. Dans les guerres, on n'est jamais sûr d'être vainqueur ; mais on peut sauver l'honneur en faisant son devoir de bon soldat. Tous les enfants de France doivent se souvenir de Vercingétorix et l'aimer. »

La restauration de l'unité nationale s'est réalisée au prix de quelques arrangements avec l'histoire. Il est probable que, s'il n'y avait pas eu la défaite de Sedan, il n'y aurait pas eu dans les livres d'histoire du XXe siècle une telle célébration de ce personnage gaulois.

CHAPITRE 19

« Je ne suis pas une fauvette ! »

Le paranoïaque

L'homme qui raconte son histoire explique qu'il a entendu un voisin lui dire que, forcément, il sera un jour cambriolé. Il était déjà méfiant, maintenant il est sur ses gardes. Il se sent surveillé. Un soir plusieurs indices l'alarment : un feu rouge plus long que d'habitude, des places de parking non occupées devant son domicile. C'est sûr, il s'est fait cambrioler. Il entre chez lui avec prudence. Il vérifie la serrure. Pas une rayure. C'est un professionnel fort habile qui a pénétré sans laisser de trace. Une preuve de plus : tout a été bien rangé. L'homme inspecte son appartement de fond en comble. Le cambrioleur n'a laissé échapper qu'un infime indice. Il manque une chaussette dans le lave-linge. Cette découverte balaie définitivement ses doutes. Il a la conviction que le cambrioleur n'a pas agi seul et qu'il est probablement associé à une bande de malfaiteurs qui le surveille et connaît ses habitudes. Après plusieurs péripéties au cours desquelles l'homme tente en vain de prendre les cambrioleurs sur le fait, il obtient l'ultime preuve qu'il est régulièrement cambriolé : il retrouve sa chaussette. Le cambrioleur l'avait remise sous le bac à linge.

« Le paranoïaque » est un sketch de Jean-Marie Bigard dans lequel il met en scène un homme dont la raison vacille. C'est un homme angoissé et virulent, convaincu d'être la victime d'un cambrioleur et de sa bande. Il interprète tous les événements de sa vie dans le sens de son idée démente. Il considère qu'il n'y a pas de coïncidence, que rien n'est dû au hasard. Il s'obstine au point de perdre le peu de richesses qu'il possède. Si bien qu'à la fin de l'histoire il est ravi par sa conviction d'avoir été cambriolé.

Quelle est la raison d'être d'un délire paranoïaque ? Celui qui pense être victime d'un complot y trouve un bénéfice subtil. Il n'est pas seul puisque des dizaines, des centaines de personnes se sont coalisées contre lui. C'est donc qu'il n'est pas insignifiant, qu'il est une personne intéressante. Son délire lui donne de la valeur. Chez le paranoïaque, l'idée de complot illustre l'effet fauvette vis-à-vis de soi-même, soit le fait d'être dupe de ses propres idées fausses et d'être dans l'incapacité de raisonner pour critiquer cette idée fausse.

Doutes sur le 11 Septembre

Jean-Marie Bigard est un comique. C'est son métier. Il s'est créé un personnage public sympathique, grande gueule, grivois, à la fois généreux et vulgaire. Ses sketchs sont bâtis sur un même principe : dédramatiser des situations pénibles de la vie. Il veut faire du bien et transmettre aux gens la capacité à rire de leurs misères quotidiennes. Son succès est grand. Il remplit les salles de spectacle. Il parle sans tabou. Il a une relation fusionnelle avec le public. Il est régulièrement l'invité des émissions de divertissement à la radio et à la télévision. Les auditeurs attendent ses improvisations qui provoquent des éclats de rire. Les producteurs apprécient, l'audience est garantie. En septembre 2008, il participe à une émission radiophonique dont le nom annonce le programme : « On va s'gêner ». Autour du présentateur sont réunies différentes personnalités issues du monde des arts et des spectacles. Une question est posée et ces personnalités essaient de donner une réponse plus ou moins sérieuse. Leurs commentaires sont là pour apporter un éclairage amusant et critique sur l'actualité. Ce jour-là, le sujet abordé concerne le personnage d'Oussama ben Laden, à cette époque le terroriste antiaméricain le plus recherché dans le monde. C'est à ce moment que Jean-Marie Bigard donne son avis sur les attentats du 11 septembre 2001 : « On commence à penser que ni Al-Qaida ni aucun Ben Laden n'a été responsable du 11 Septembre ! »

Les faits et les déclarations

En 2001, sur une seule journée, une vague de quatre attentats frappa les États-Unis. Quatre avions de ligne furent détournés et servirent de bombe volante contre des bâtiments symboliques de la puissance américaine. La simultanéité des actions démontra l'efficacité de l'organisation qui planifia ces opérations. Il y eut bien un complot. L'effet de choc fut mondial. Auparavant en 1998 au Kenya et en Tanzanie, puis en 2000 au Yémen, plusieurs attentats avaient frappé des intérêts militaires et diplomatiques américains. Ces attentats furent revendiqués par l'organisation terroriste Al-Qaida.

Les images des attentats passèrent en boucle toute cette journée et les journées suivantes. Les plus spectaculaires étaient les avions percutant les tours du World Trade Center, les longs incendies qui en ravagèrent les sommets puis leur effondrement. Les autres images montraient deux champs de ruines fumantes, l'un à Washington sur un côté du Pentagone et l'autre dans un champ de Pennsylvanie. Le président Georges Bush divisa le monde en deux : « Ou vous êtes avec nous, ou vous êtes contre nous », et il déclara la guerre aux pays qui n'aimaient pas les États-Unis. Il engagea rapidement une riposte militaire en Afghanistan, puis se lança dans la guerre en Irak. Un peu partout dans le monde des personnes suspectes furent enlevées puis séquestrées dans des geôles secrètes et sur la base de Guantanamo. Le scandale d'Abou Ghraib fut l'infime partie visible de cette guerre cachée. La traque jusque-là infructueuse de Ben Laden poussa les services secrets américains à multiplier les opérations illégales : les enlèvements, l'installation de prisons secrètes disséminées dans le monde, l'usage généralisé de la torture et l'impunité des bourreaux. Il y a un lien probable entre ces pratiques de l'ombre, ces mensonges d'État, et l'émergence des théories du complot autour des attentats du 11 Septembre.

L'antécédent de Pearl Harbor

La théorie du complot fut initiée par un ouvrage intitulé *L'Effroyable Imposture,* publié en 2002, qui réfutait qu'un avion se fût écrasé sur le Pentagone. L'auteur du livre faisait la démonstration que c'était le tir d'un missile de l'armée américaine qui avait frappé le bâtiment. Cet auteur, Thierry Meyssan, est un personnage au parcours atypique, un temps engagé dans l'Église catholique puis dans la défense des droits des homosexuels et ensuite dans la défense des dictatures militaires libyenne et syrienne. Il n'a pas mené d'enquête comme l'aurait fait un journaliste d'investigation. Il n'est pas allé sur le terrain, il n'a pas interrogé les témoins directs. Les deux arguments majeurs mis en avant par Thierry Meyssan sont l'absence d'image nette de l'avion percutant le bâtiment et la dimension du trou observé dans la façade. D'une façon inattendue, ce livre connut un succès énorme : 150 000 exemplaires furent vendus en un an, avec une large diffusion internationale et une traduction dans vingt-trois langues.

Au même moment un Américain, David Ray Griffin, professeur de théologie et de parapsychologie, publiait un ouvrage qui comparait les attentats du 11 Septembre à l'attaque de Pearl Harbor. Dans des conditions historiques semblables, soixante ans plus tôt, avait émergé une même hypothèse de complot : le président Roosevelt aurait sciemment planifié l'attaque de la base américaine pour provoquer une réaction d'effroi au sein de la population américaine qui alors accepterait l'entrée en guerre des États-Unis contre le Japon et l'Allemagne. Cette similitude historique conduit à l'hypothèse que les théories du complot sont des réactions paranoïaques collectives à un traumatisme national.

L'énorme succès des conspirationnistes

Une autre accusation complotiste fut formulée par Eric Hufschmid. Dans un livre puis un DVD autoédité, *Painful Deception*, il entendait démontrer que les deux tours du World Trade Center ne s'étaient pas effondrées du fait de l'attentat, mais qu'elles avaient été minées par des explosifs disposés en secret par les forces gouvernementales. Sur le site qu'il entretenait jusqu'en 2014, sa personnalité paranoïaque saute aux yeux. Il voit des complots sionistes partout : le faux atterrissage sur la Lune, le 11 Septembre, la mort de Kennedy, les morts d'Elvis Presley et de Michael Jackson, la négation de l'Holocauste, les crises financières, etc.

Toutes ces théories conspirationnistes sur le 11 Septembre furent rassemblées par un apprenti cinéaste américain de 22 ans, Dylan Avery, qui mit en ligne sur Internet un documentaire vidéo réalisé dans sa chambre, à partir d'un projet de film initial sur une bande d'amis qui mettraient au jour un complot d'État. Par dérision, ce documentaire fut intitulé *Loose Change* (« petite monnaie »). Interrogé sur l'aspect farfelu de certaines hypothèses, dont celles d'Eric Hufschmid, Dylan Avery donna une réponse passe-partout : « L'armée américaine a cinq années d'avance technologique. » Il démontrait le complot avec des preuves qui n'existaient pas encore… et qui n'existent toujours pas. Son documentaire fut mis en ligne gratuitement sur Internet. Là encore, la surprise médiatique fut énorme. Le film puis ses versions successives, traduites en dix langues, furent visionnés plusieurs centaines de millions de fois. La théorie conspirationniste prit une dimension virale. La désinformation se répandit comme une épidémie. Des journalistes d'investigation, comme Phil Mole dans la revue *Skeptic* en 2006, démontèrent un à un les arguments des conspirationnistes et présentèrent les faits avec une méthode critique rigoureuse ; cela ne freina pas la propagation de la rumeur. Les partisans de la théorie du complot étaient invités sans contradicteurs sur les plateaux de télévision. Des acteurs célèbres et des personnages politiques répétaient ce qu'ils lisaient dans les médias. En Europe, d'anciens ministres imprudents donnèrent leur opinion en disant que, si autant de gens parlaient d'une théorie du complot, c'est qu'il y avait nécessairement une part de vrai dans ces histoires.

Haro sur le clown

Il y eut peu de réactions quand toutes ces voix diffusaient depuis des mois la théorie du complot. Puis, d'une façon inattendue, la foudre s'abattit sur Jean-Marie Bigard. Lors de cette émission radio de 2008, il ne fit que répéter des inepties que l'on pouvait lire et entendre partout. Ce n'est pas lui qui parla en premier de la théorie du complot. Six mois plus tôt, en mars, un présentateur de cette même station radiophonique avait déjà fait référence au documentaire *Loose Change*. Ce jour-là Jean-Marie Bigard répéta ces propos avec sa gouaille habituelle : « On est sûr et certain maintenant que les deux avions n'existaient pas... Il n'y a jamais eu d'avion... ces deux avions volent encore... On a fait une enquête là-dessus... C'est un Français qui a mis la puce à l'oreille de tout le monde... (parlant du gouvernement, de l'armée et des services secrets américains). Ils ont provoqué eux-mêmes... Ils ont tué des Américains... On apprend toujours la vérité une trentaine d'années après... On la sait maintenant. » Par la suite Jean-Marie Bigard reconnut qu'il avait été un peu trop loin dans ses propos : « On [était] enregistré, on [était] tous là, tout le monde se [lâchait], comme au bistro. » Il pensait que, si son dérapage était excessif, ses propos pouvaient toujours être supprimés avant leur diffusion sur les ondes radio. Ce qui indique que, si ses propos n'ont pas été censurés, c'est parce qu'ils étaient dans la ligne d'humour et de provocation de l'émission à laquelle il participait.

Les réactions furent inattendues, immédiates et violentes. Sur décision du directeur de la station de radio, il fut banni de l'émission. Un grand quotidien national titra « Jean-Marie Bigard nie le 11 Septembre », ce qui est faux, car il ne réfutait pas la réalité de l'événement, mais les explications qui en avaient été données. Des journaux hebdomadaires amplifièrent la polémique. Jean-Marie Bigard y fut traité de « négationniste » et de « révisionniste ». Ces mots sont une référence implicite aux personnes qui nient l'extermination des juifs. C'était désigner Jean-Marie Bigard comme un sympathisant des criminels. Il reçut des lettres de menace. Dès le lendemain, il opéra une prudente correction. Dans un court message adressé à l'Agence France-Presse, il exprima ses regrets et demanda pardon à ceux qui avaient été blessés par ses propos. Pour apaiser son public, il fit des promesses : « Je ne parlerai plus jamais des événements du 11 Septembre, je n'émettrai plus jamais de doutes. » Puis il disparut pendant plusieurs semaines de la scène médiatique.

L'imprudence à dire que tout est faux

La brutalisation médiatique de Jean-Marie Bigard fut contre-productive. Elle ne fit que renforcer la théorie du complot. Sa mise au pilori fit le régal des conspirationnistes qui y virent un argument supplémentaire pour confirmer leurs idées. Cette violence montra une spécificité des réactions collectives devant l'effet fauvette. À la base, Jean-Marie Bigard répétait avec sincérité des idées auxquelles il croyait. D'autres l'avaient fait avant lui sans recevoir les volées de bois vert qui lui furent adressées. Il est probable que la raison profonde de cette brutalité fut qu'on ne lui pardonnait pas de sortir la tête des rangs à claironner : « Je ne suis pas une fauvette ! » Bien qu'il se trompât dans le fond, sur la forme il dénonçait publiquement ce qu'il pensait être un mensonge. Les autorités médiatiques avaient réagi vivement parce que les théories du complot menacent l'ordre public.

L'effet fauvette, c'est croire ce que l'on vous montre et ce que l'on vous dit, avec l'interdiction de douter. C'est comme si quelqu'un criait tout à coup que les billets de 10 euros sont faux ; tous les billets deviendraient suspects de l'être aussi, s'ensuivrait alors une crise générale de la monnaie qui entraînerait une crise économique mondiale… L'effet fauvette, c'est aussi ce qui préserve l'ordre social. Il y a des risques à raconter trop fort que tout est faux.

Et après...

L'épilogue de cette affaire est le constat d'une frustration générale. Des personnages médiatiques se sont fourvoyés. Des personnalités du monde du spectacle se turent sans être convaincues que les théories du complot étaient fausses. Les journalistes d'investigation, ceux qui étudient sur le terrain, recoupent les informations, croisent les témoignages, n'ont rien trouvé qui donne de la validité aux hypothèses d'un complot. Pendant un temps, malgré ses promesses, Jean-Marie Bigard revint sur cet épisode douloureux pour défendre sa sincérité, ce que personne ne mit en doute. Il aurait pu reprendre son sketch sur le paranoïaque en l'adaptant aux théories du complot du 11 Septembre. Mais peut-être était-il trop difficile pour lui d'admettre qu'il avait pu faire souffrir de raconter ces drames sur le ton de la blague et qu'il avait souffert de la bêtise de ceux qui se sont acharnés sur lui.

Les partisans du complot du 11 Septembre sont maintenant peu visibles, contenus aux milieux fermés des militants d'une extrême droite antisémite.

On peut regretter qu'il n'y ait pas eu véritablement de débat visant à asseoir la vérité. Guillaume Durand a essayé d'en organiser un, sur le plateau télévisé d'une chaîne publique, mais, malgré sa modération, il n'a pu qu'arbitrer un dialogue de sourds. Pour finir, même s'il contient des erreurs – ce qui est toujours possible –, le rapport du FBI reste le document de référence pour comprendre les enchaînements des attentats, les manquements des agences gouvernementales de renseignement et de défense, le courage de ceux qui ont essayé de sauver des vies en donnant la leur.

Nous sommes là encore devant un paradoxe. S'il est malsain de s'obstiner à douter d'une réalité, interdire de douter est contre-productif dans la recherche d'une vérité. On peut dès à présent prédire un succès médiatique à toute personne qui produira une théorie du complot sur le prochain événement de grande envergure.

CHAPITRE 20

Le pilori pour les artisans de la vérité

L'effet fauvette peut être aussi défini comme la réticence à entendre une vérité. À l'échelle d'un groupe social, cette réticence se transforme en violence contre celui qui dénonce un mensonge. En fonction des enjeux, cette violence peut atteindre des niveaux extrêmes. « Le premier qui dit la vérité / se trouve toujours sacrifié. / D'abord on le tue. / Puis on s'habitue. On lui coupe la langue. / On le dit fou à lier. / Après sans problème / parle le deuxième. » Avec des mots simples, Guy Béart chante ce refus de la vérité et la violence contre ceux qui la proclament. Ses paroles peuvent paraître excessives. Elles décrivent une réalité. Malheur à celui par lequel un scandale arrive. Bien souvent celui qui veut restaurer une vérité est puni plus sévèrement que celui dont il veut dénoncer le mensonge, la forfaiture ou le déshonneur.

La protection des criminels et l'exclusion des vertueux

Dans l'affaire Dreyfus par exemple, il y a une nette opposition dans les comportements de l'armée face aux protagonistes de cette histoire. Ne faisant que son devoir, celui qui décela l'erreur judiciaire et voulut la faire corriger, le colonel Picquart, commença par alerter ses autorités militaires. Il reçut l'ordre de ne pas poursuivre son enquête. Comme il avait la conviction que l'espion était toujours en place et restait en mesure de poursuivre ses activités nuisibles, il insista. Il souffrit un rappel à l'ordre et pour l'éloigner de Paris on l'envoya faire des missions d'inspection en province. Puis il fut muté plus loin encore, en Tunisie. À son retour, il ne lâcha pas l'affaire. On lui fit comprendre qu'il prenait des risques à insister. Il fut intimidé et inquiété. Il en vint à penser que ceux qui avaient établi les faux documents ayant permis d'accabler Dreyfus pouvaient maintenant établir des faux documents pour l'accabler lui. Craignant pour sa sécurité, il alerta son avocat qui relaya le dossier vers des élus politiques, dont le sénateur Auguste Scheurer-Kestner. L'affaire rebondit alors et le colonel Picquart fut mis aux arrêts à deux reprises à cause de sa vertueuse indiscipline. L'armée lui reprocha un « manquement grave à ses devoirs professionnels [...] pour la communication à des personnes non qualifiées pour en prendre connaissance d'écrits ou de documents secrets intéressant la défense nationale ». Une première fois, il fut placé en forteresse, une deuxième fois il fut incarcéré à la prison de la Santé. Puis il fut renvoyé de l'armée. La presse se déchaîna contre lui en placardant dans les rues des milliers d'affiches figurant son portrait associé à celui de Dreyfus et le désignant comme un traître. Il fallut dix années pour que le colonel Picquart fût réhabilité, réintégré au sein de l'armée et promu au grade de général.

À l'opposé, celui qui fut identifié comme le traître, le commandant Esterhazy, resta impuni malgré toutes les charges qui s'accumulèrent contre lui. Même après avoir avoué à plusieurs reprises être l'auteur du bordereau il ne fut pas inquiété. Le procès qui l'acquitta fut une parodie de justice. Il put fuir en Angleterre où il vécut sous le pseudonyme de comte Jean de Voilemont. Du début de l'affaire à sa mort trente ans plus tard, le vrai coupable fut protégé.

Une loi pour couvrir l'effet fauvette

Le commandant Esterhazy ne fut pas le seul à être préservé de toute sanction. Cette protection fut étendue à tous ceux qui avaient été impliqués dans la fabrication du mensonge et dans l'opposition au rétablissement de la vérité. C'est à l'occasion de l'affaire Dreyfus que pour la première fois on fit une loi pour préserver l'effet fauvette. Dans l'intention de clore cette histoire douloureuse, laquelle depuis trop longtemps divisait le pays et mettait en danger sa cohésion, le président du Conseil des ministres Pierre Waldeck-Rousseau déposa un projet de loi d'amnistie couvrant tous les faits délictueux ou criminels connexes à l'affaire Dreyfus. Le 27 décembre 1900, cette loi fut votée à une large majorité. Encore un paradoxe : tant que la volonté de l'autorité était de maintenir l'erreur judiciaire, tous ceux qui contestaient les décisions de justice étaient passibles d'un châtiment, puis, quand l'erreur judiciaire fut reconnue, il fallait sauvegarder ceux qui avaient initié le mensonge et empêché qu'il fût dévoilé.

La société française s'était déchirée et, par l'intermédiaire de ses élus, elle voulait l'apaisement. Pour que cet apaisement vînt rapidement, ils forcèrent l'oubli judiciaire. Malgré les protestations, la loi d'amnistie fut votée par une large majorité de députés. Cette loi fut présentée comme permettant de lever les poursuites à l'encontre du colonel Picquart et d'Émile Zola. Mais cette loi d'amnistie faisait aussi disparaître les accusations de Zola contre ceux qui avaient falsifié la vérité. Dans la célèbre lettre ouverte « J'accuse », adressée au président de la République, il avait nommé les coupables de l'erreur judiciaire : le lieutenant-colonel du Paty de Clam décrit comme « l'ouvrier diabolique » de l'erreur judiciaire, le général Mercier qui s'en était fait le complice, les généraux Billot, de Boisdeffre et Gonse qui avaient eu entre leurs mains les preuves certaines de l'innocence de Dreyfus et les avaient dissimulées. Avec la loi d'amnistie, ces accusations, sur des faits maintenant connus de tous, devenaient sans portée. Dans une nouvelle lettre au président de la République, cette fois à Émile Loubet qui avait succédé à Félix Faure, Émile Zola déclara que cette loi d'amnistie était scélérate parce qu'elle laissait échapper les coupables. Il la compara à un bâillon qui étouffait la vérité. Émile Zola eut cette formule : « Le mensonge a ceci contre lui qu'il ne peut pas durer toujours, et que la vérité, qui est une, a l'éternité pour elle. [...] Un peu de patience, on verra bien qui a raison. »

Premier temps : éviter les fuites

Le contexte du scandale d'Abou Ghraib fut le suivant. Comme des milliers d'autres soldats de sa génération le sergent Joe Darby s'était engagé après les attentats du 11 septembre 2001 pour combattre les terroristes en Irak puisqu'on lui avait expliqué – mensonge d'État – que c'était là-bas que ces terroristes étaient embusqués avec des armes de destruction massive. Comme tous les militaires américains il connaissait par cœur le 3e alinéa du Code du soldat : « Un soldat ne tue ni ne torture un prisonnier de guerre ennemi. » Il arriva sur le site de la prison. L'équipe en place lui présenta des photos de leurs activités nocturnes consacrées à la torture des détenus. À la vue des images, il fut choqué. Sur le moment il n'osa pas réagir de peur que ses camarades ne retournent leur violence contre lui. Il hésita quelques semaines puis choisit d'agir en secret. Il fit une copie des photos sur un disque numérique qu'il glissa dans une enveloppe anonyme sous la porte de l'officier chargé des investigations criminelles.

Mis en danger par la possible révélation d'une faute grave, ce groupe isolé mit tout en œuvre pour que la vérité ne fût jamais connue. Comme souvent, la préservation du secret prévaut sur l'exercice du droit et de la justice. D'où ce principe de fauvette : pour éviter un scandale, une institution cherchera d'abord à masquer les crimes et à protéger les fautifs. La première réaction des autorités fut donc d'éviter le scandale et d'empêcher toute fuite de ces documents.

Elles lancèrent une enquête interne afin de résoudre le problème en huis clos, et un pacte fut passé avec les soldats impliqués : une promesse d'amnistie en échange de toutes les photos et de tous les supports numériques qui furent confisqués puis détruits. Après trois semaines, l'affaire sembla avoir été étouffée. L'armée diffusa un communiqué indiquant qu'une enquête était en cours sur des agissements douteux visant à humilier des détenus. Mais par des conjonctures inconnues le secret fuita et des photos parvinrent aux agences de presse. Le scandale éclata et la honte ébranla le pays entier.

Second temps : sonner l'hallali contre le lanceur d'alerte

Pour faire la preuve de leur transparence et de leur efficacité, les autorités américaines lancèrent une enquête diligentée par un officier général, Antonio Taguba. Le rapport qu'il rendit quelques mois plus tard établit la réalité des faits de tortures commises par le personnel de la police militaire sur les détenus ainsi que les détails des conditions qui les avaient facilitées. Vingt militaires furent condamnés, la plupart à quelques mois d'arrêt suivis d'un renvoi de l'armée. La peine la plus sévère fut celle infligée au sergent Charles Graner, l'inspirateur des pratiques cruelles perpétrées par son groupe. Graner fut libéré après six années de rétention dans un camp de l'armée.

L'enquête révéla que plusieurs détenus étaient morts des suites de l'extrême cruauté des tortionnaires. Tous protégés par une immunité juridique, aucun des militaires impliqués dans la mort de ces détenus ne fut présenté devant les tribunaux.

Ici encore les artisans de la vérité furent, d'une façon indirecte, les plus durement condamnés. Pour avoir mis en cause dans son rapport les directives gouvernementales qui ont poussé les soldats à commettre ces crimes, le général Antonio Taguba fut sèchement mis à la retraite alors que sa carrière aurait pu se poursuivre encore quelques années. Quant au lanceur d'alerte, le sergent Joe Darby, les experts lui avaient garanti dès le début de l'enquête qu'il conserverait l'anonymat. Sa naïveté et sa loyauté vis-à-vis de l'institution le conduisirent à avoir confiance dans cette promesse. Joe Darby poursuivit son service normalement. D'un coup sa vie fut mise en danger. Quatre mois après la révélation du scandale, il déjeunait dans le réfectoire de sa base. Sur les murs des écrans géants de télévision diffusaient les informations. Les soldats suivaient en direct sur la chaîne CNN la déposition du secrétaire d'État à la Défense, Donald Rumsfeld. Rompant la promesse d'anonymat, il livra publiquement son nom. Ce fut l'hallali. Le sergent Darby fut qualifié de traître par ses camarades. Menacé de mort, il dut quitter l'Irak sous protection. La maison de sa famille fut vandalisée. Ses proches durent déménager. Il dut changer de nom. Il fut soumis au régime de sécurité des témoins et dut vivre dans un autre État. Il perdit tout ce qui était sa vie d'avant : son emploi, sa résidence, sa vie de quartier, ses relations amicales. Sa vie sociale fut rompue d'un coup. Il fallut plusieurs années pour qu'il se reconstruise, ailleurs et autrement. Un lanceur d'alerte, quoi qu'on lui promette, devient et reste un paria.

Quand un criminel est empêché de dire la vérité

Dans un monde manichéen, on pourrait penser que ceux qui disent la vérité sont les bons et que ceux qui s'y opposent sont les méchants. Qu'il y aurait les vertueux d'un côté et les crapules de l'autre. C'est une simplification source d'erreur. Le mensonge dans notre fonctionnement social n'est pas réductible à un mal opposé au bien. Au contraire, le manichéisme empêche de discerner l'effet fauvette. Un partisan de la vérité n'est pas toujours une innocente et bienveillante personne. Proclamer une vérité peut aussi procéder d'une stratégie maligne, d'un calcul plus ou moins scélérat selon les circonstances. On en a l'illustration avec l'affaire Aussaresses, le scandale qui suivit la publication par cet ancien officier général de son témoignage sur la torture pendant la guerre d'indépendance de l'Algérie.

La généralisation de la torture par l'armée française pendant la guerre d'Algérie n'était un mystère pour personne, mais il ne fallait pas en parler. À l'époque de ces événements, plusieurs témoignages exprimés avaient été rapidement réprimés. En 1957 la publication dans *L'Express* de la lettre du général de Bollardière à Jean-Jacques Servan-Schreiber, dans laquelle est sous-entendu l'usage de la torture par l'armée, avait valu à son auteur une sanction de soixante jours d'arrêt en forteresse. En 1958, le livre témoignage d'Henri Alleg, *La Question,* avait été saisi par la justice et sa diffusion, interdite.

En 2001, la sortie en librairie du livre d'Aussaresses sous le titre *Services spéciaux. Algérie 1955-1957* avait été accompagnée d'un plan médiatique bien orchestré. Sur la couverture un bandeau indiquait en gros caractères blancs sur fond rouge « Mon témoignage sur la torture ». Quelques jours avant la sortie du livre le quotidien *Le Monde* en avait publié les bonnes feuilles. L'effet de scandale fut immédiat. L'ensemble de la classe politique française cria son indignation. Elle attendait d'Aussaresses une repentance, elle ne vint pas. Il fut invité sur les plateaux de télévision et répéta qu'il avait torturé et assassiné pour le compte de la République, sur l'ordre de ses chefs et avec le consentement des autorités préfectorales et judiciaires d'Algérie. Les réactions ne tardèrent pas. Dans un communiqué de l'Élysée, le président de la République, Jacques Chirac, fit une annonce officielle, se disant « horrifié par les déclarations du général Aussaresses ». Il demanda que fussent condamnés ces tortures et ces assassinats puis que la Légion d'honneur fût retirée à l'auteur du scandale. Il signa aussi un décret qui plaçait le général Aussaresses en position de retraite. Ces sanctions ne le firent pas chanceler. Bien au contraire, elles firent de la publicité à ses déclarations. En quelques semaines, son livre se vendit à cent mille exemplaires.

Ces réactions publiques et ces sanctions officielles furent une erreur sur le plan médiatique, car, au lieu de faire taire celui qui disait une vérité qui dérangeait, elles leur donnaient un effet de porte-voix. Dans la continuité de l'indignation du chef de l'État, le procureur de la République de Paris engagea une action judiciaire, pour faire taire le témoin gênant et faire saisir son livre. Il fit citer devant le tribunal correctionnel de Paris plusieurs personnes. Le premier, le président-directeur général des éditions Plon, propriétaires des éditions Perrin, fut mis en accusation d'« apologie de crimes de guerre ». Le deuxième fut le directeur général des éditions Plon, pour répondre du délit de « complicité d'apologie de crimes de guerre ». Le troisième fut Paul Aussaresses, l'auteur, pour répondre du délit de « complicité d'apologie de crimes de guerre ». La justice ne pouvait le poursuivre pour les crimes de guerre qu'il déclarait avoir commandés ou exécutés, car une loi avait, dès 1968, prononcé l'amnistie des crimes commis par les militaires lors de la guerre d'Algérie. Cette affaire met en évidence l'effet fauvette à l'échelle d'une nation : ceux qui ont commis des crimes au nom d'un pays sont soustraits à toute poursuite judiciaire, mais, si un des criminels veut parler des actes qu'on lui a fait commettre, s'il a l'imprudence de lever le voile sur un mensonge d'État, la foudre judiciaire s'abat sur lui.

Mise en échec de la justice d'État

Le 25 janvier 2002, la XVIIe chambre du tribunal correctionnel de Paris reconnut les trois prévenus coupables des faits qui leur étaient reprochés et prononça les condamnations suivantes : le président-directeur général et le directeur général des éditions Plon furent condamnés à 15 000 euros d'amende chacun, et Paul Aussaresses fut condamné à 7 500 euros d'amende.

Plusieurs associations de défense des droits de l'homme portées parties civiles se virent allouer 1 euro de dommages et intérêts et, à titre de frais, une somme supplémentaire de 1 500 euros. Les trois condamnés interjetèrent appel. Par un arrêt rendu le 25 avril 2003, la XIe chambre de la cour d'appel de Paris confirma le jugement prononcé en première instance et alloua en outre à chacune des parties civiles une rallonge de 1 000 euros au titre des frais d'appel. La Cour de cassation, dans un arrêt du 7 décembre 2004, rejeta les pourvois en cassation introduits par les trois condamnés.

En juin 2005, le président-directeur général et le directeur général des éditions Plon, sans Paul Aussaresses, saisirent la Cour européenne des droits de l'homme, au titre de la liberté de la presse, en vertu de l'article 34 de la Convention de sauvegarde des droits de l'homme et des libertés fondamentales.

Le 15 janvier 2009, la Cour déclara recevable leur requête, estimant qu'il y avait eu violation de l'article 10 de la Convention européenne des droits de l'homme qui encadre le droit à la liberté d'expression. La Cour condamna la France à verser conjointement aux requérants la somme de 33 000 euros pour dommage matériel, ainsi qu'un montant de 5 000 euros pour les frais de justice. Ils regagnèrent ce qu'ils avaient perdu devant les tribunaux français.

La publication de ce livre peut avoir plusieurs sens. Paul Aussaresses, au soir de sa vie, voulait-il se débarrasser du poids d'une lourde culpabilité dans les crimes commis par lui-même et ses hommes durant ce conflit ? Décédé depuis, il était le seul à pouvoir apporter la réponse. Invité sur le plateau de télévision du journal du soir sur une chaîne publique, il reconnut qu'il avait des regrets.

Ce livre n'apporte rien à l'histoire. Les faits décrits sont connus. Le seul point nouveau est que c'est l'auteur des crimes qui les raconte, ce qui ajoute à leur lecture un aspect écœurant supplémentaire. La bonne question serait : à quoi la publication de ces vérités a-t-elle servi ? Probablement une mauvaise cause : mettre en difficulté un gouvernement qui aurait à rendre compte des décisions prises par ses prédécesseurs. La publication de ce livre fut un coup médiatique qui fit les affaires d'un éditeur. Au moins a-t-il le mérite d'avoir montré qu'on n'aime pas voir dévoilées des vérités que l'on ne veut pas reconnaître.

PARTIE V

Les bénéfices funestes de la crédulité et de la mauvaise foi

CHAPITRE 21

Des vies cousues de fil blanc

Au procès de Jean-Claude Romand, qui pendant dix-huit ans s'était fait passer pour un médecin et, au moment d'être découvert, avait assassiné sa femme, ses deux enfants, puis ses deux parents, la présidente du tribunal lut un extrait du livre d'Albert Camus *La Chute :* « Comment la sincérité serait-elle une condition de l'amitié ? Le goût de la vérité [...] est un vice, un confort parfois, ou un égoïsme. [...] On voit parfois plus clair dans celui qui ment que dans celui qui dit vrai. La vérité, c'est comme la lumière, aveugle. Le mensonge au contraire est un beau crépuscule qui met chaque objet en valeur. »

Invité à répondre, Jean-Claude Romand eut cette réaction : « Parfois, on peut mentir, juste pour voir un peu de joie chez les autres. »

Une fausse promesse de bonheur

On peut le créditer d'avoir été sincère dans cette réponse. Les psychiatres qui avaient expertisé Jean-Claude Romand ont rapporté qu'il avait découvert ce livre à l'adolescence et qu'il le relisait régulièrement. Ce passage du livre d'Albert Camus aide à comprendre ce qui fit persister le mensonge dans cette longue tragédie dont la chute était inévitable. Tant que Jean-Claude Romand mentait, sa famille vivait dans un monde qui paraissait à tous beau et harmonieux. C'était faux, mais c'était bon. Révéler la vérité a pu lui paraître comme un geste égoïste. Cela lui eût apporté un soulagement, mais c'eût été plonger sa famille dans une détresse à laquelle personne n'était préparé. Jean-Claude Romand était un calculateur. Parce que tout était faux, il savait que tout serait perdu. L'aveu aurait dévasté sa famille. Il n'avait pas d'autre option que de retarder cette échéance terrible. Il aurait pu s'enfuir comme le font habituellement les escrocs qui vont recréer une nouvelle identité ailleurs. Il en avait les capacités. C'eût été mieux. Il ne l'a pas fait.

Le mensonge altruiste

Il a voulu rester jusqu'au bout. C'est la singularité de cette histoire. Avec prudence, pour ne pas affliger les personnes meurtries par ce drame, on peut analyser le mensonge de Jean-Claude Romand dans une perspective sacrificielle : il a assumé jusqu'à son terme l'enchaînement des mensonges dans lesquels il s'était installé. Cela a fonctionné comme une mécanique. Ses mensonges en étaient les rouages, l'effet fauvette en a été le lubrifiant. Il a été contraint à une escalade dans l'ampleur de ses mensonges et de ses escroqueries pour maintenir à flot une fausse histoire qui produisit pendant plusieurs années un réel bonheur pour les autres. Lui seul savait à quel point ce bonheur était fragile.

Ceux qui l'ont côtoyé durant cette période sont unanimes : Jean-Claude Romand était un homme gentil, attentionné et effacé. Il transpirait beaucoup. Son mensonge était un lent poison, comme un cancer qui dévorait sa vie et dont il refusait le traitement. La métaphore du cancer est appropriée. Il s'était, dès le début, « inventé » une maladie grave potentiellement mortelle. Un lymphome. Une pathologie invisible, toxique et envahissante. Cette fausse maladie était la transposition de son mensonge. Il avait préparé sa famille à la perspective qu'un jour son histoire s'achèverait avec un drame. Dans ce fait divers, l'effet fauvette a été spectaculaire par la facilité avec laquelle son entourage a été aveuglé et s'est installé dans sa vie de mensonges.

Genèse d'un malheur

L'histoire est partie d'un échec aux examens qui lui permettaient de s'inscrire en troisième année de médecine. Jean-Claude Romand était un élève travailleur. Gilles Cayatte, le premier à réaliser un documentaire sur Jean-Claude Romand, raconte qu'il avait rencontré son instituteur qui lui avait fait cette confidence : enfant, c'était un être timide, gentil, qui désirait avant tout ne pas décevoir ses parents. À Pierre Lamothe, l'un des experts-psychiatres qui l'ont examiné, Jean-Claude Romand avait expliqué qu'il était affecté par la malédiction des bons élèves. Il avait tout au long de son parcours scolaire obtenu d'excellents résultats. Personne n'imaginait qu'il pouvait échouer. Un an plus tôt, il avait franchi avec succès l'étape la plus dure de ses études, le concours de fin de première année de médecine, une épreuve sélective qui ne retenait qu'un candidat sur dix. Jusque-là tout allait bien. Les examens de la deuxième année étaient une formalité exigeante mais plus facile que l'année précédente. Les échecs en deuxième année de médecine sont exceptionnels. Les résultats étaient affichés à l'entrée de la faculté. Le nom de Jean-Claude Romand n'y figurait pas. Lui s'y attendait parce qu'il ne s'était pas rendu aux épreuves. Ses camarades ne s'y attendaient pas car personne n'avait remarqué son absence aux examens. On peut imaginer que l'histoire a démarré ainsi : dans son groupe d'amis tous sont reçus ; l'un d'eux a pu demander à Jean-Claude Romand s'il était lui aussi reçu ; Jean-Claude Romand, ne pouvant annoncer un échec, a dû répondre que oui. Dès lors, il choisit de ne pas se représenter à ses examens et de faire comme s'il avait été reçu.

Avait-il prémédité de mentir ou est-ce que son mensonge est parti tout seul ? On peut penser qu'il avait choisi de mentir, qu'il l'a fait en toute conscience, comme il avait dû le faire avant, probablement souvent, dans d'autres circonstances. Mais, malheureusement pour lui, cette fois-ci, il n'est pas parvenu à revenir dans la course des faits réels.

C'était au départ un mensonge égoïste dont le but était de le préserver. Puis le mensonge gagna ses études. Le dossier montre qu'il avait pu se réinscrire douze fois en deuxième année de médecine. L'administration de la faculté de médecine n'a pas réagi devant cette anomalie. Il n'a pas fait semblant de faire des études. Il était sur les bancs à suivre les cours avec les autres, ou à la bibliothèque pour y travailler les différentes matières. Il a acquis les mêmes connaissances que ses camarades. Il a seulement fait semblant, chaque année, d'être reçu à des examens auxquels il ne se présentait pas. Il était d'ailleurs plutôt bon dans sa discipline. Les professionnels avec lesquels plus tard il était amené à discuter de médecine le trouvaient brillant dans ses exposés.

Les forces qui dominent le menteur

Puis le mensonge devint sa vie sociale tout entière. Emmanuel Carrère, qui lui a consacré un livre, a cerné le point aveugle de ce drame. Dans la lettre qu'il avait adressée à Jean-Claude Romand pour prendre contact avec lui, il lui écrivit qu'il voulait comprendre comment cet homme avait pu être « poussé à bout par des forces qui le [dépassaient] ». C'étaient ces forces terribles que voulait démonter la mécanique du roman pour la comprendre. Ce ne fut pas une entreprise facile.

Les engrenages qui ont poussé Jean-Claude Romand à développer un système de mensonge ont été d'une difficulté croissante au fil du temps. Ils devaient faire tenir un édifice d'illusions de plus en plus complexe. Mais son mensonge était mal né. La chute était inéluctable. Comment ce système a-t-il pu se prolonger si longtemps, sinon par les forces puissantes et invisibles de l'effet fauvette qui poussent à ne pas pouvoir admettre la réalité d'une situation, à effacer de son champ de conscience tout germe de doute lorsqu'il surgit ?

Le bonheur que Jean-Claude Romand apportait à sa famille était fragile. L'escalade des escroqueries l'a conduit jusqu'à un point de bascule. À l'instant où ce bonheur s'est fracturé, pour ne pas produire de la détresse chez ceux qui l'aimaient et qui vivaient dans la ouate feutrée de son mensonge, il a tué les fauvettes avant qu'elles ne réalisent, effrayées, la monstrueuse supercherie qu'il leur cachait depuis tant d'années. Il a préféré les voir mortes que tourmentées par l'angoisse, la honte et le malheur.

On peut défendre l'hypothèse que Jean-Claude Romand aimait ses parents, aimait sa femme, aimait ses enfants. L'erreur serait d'expliquer le début de l'histoire par le choc du drame dix-huit ans après. Au départ, cet homme n'était ni un escroc ni un assassin. Il y a été poussé par les forces auxquelles ses mensonges ont donné l'existence. Ces forces ont été en partie la coalition des bonnes volontés de son entourage familial et amical pour faire tenir le déguisement du menteur.

Il n'y a aucune raison qui permette de douter que Jean-Claude Romand était sincère lorsqu'il se déclarait amoureux de l'étudiante en pharmacie qui est devenue sa femme, qu'il était sincère dans la joie exprimée à la naissance de ses enfants, qu'il était sincère dans la dévotion et l'amour filial à ses parents.

Le paradoxe abominable a été la surenchère puis le point de vacillement qui le transforma en assassin de cette famille qu'il chérissait. Il a calculé leur mort en quelques heures. Comme un robot, avec sang-froid, sans haine, mécaniquement, il les a tués. Il a attendu quelques jours. Puis il s'est enfermé chez lui avec les morts. Il a enfilé son pyjama, a mis le feu à la maison, pris des barbituriques puis il s'est allongé près de sa femme. C'est là que les pompiers l'ont trouvé, inconscient et gravement brûlé.

Si le pire est arrivé, c'est parce qu'il n'a pas été démasqué plus tôt. La problématique de fond, la plus difficile à résoudre, est celle de savoir comment on aurait pu éviter une telle escalade. Est-ce qu'il aurait été possible de désamorcer plus tôt une tension dramatique qui ne pouvait que conduire à cette catastrophe ?

Le malheur du menteur : la perte de la liberté de ne plus mentir

Dans son livre de chevet *La Chute*, Jean-Claude Romand avait retenu une autre citation d'Albert Camus : « Surtout ne croyez pas vos amis quand ils vous demanderont d'être sincère avec eux. Si vous vous trouvez dans ce cas, n'hésitez pas : promettez d'être vrai et mentez le mieux possible. » Il n'est pas sûr qu'Albert Camus eût apprécié que, lors de ce procès, soit faites ces citations sur le mensonge. Albert Camus écrivait surtout que le mensonge était l'ennemi de la liberté. La plus terrible contrainte pour la conscience d'un homme, c'est d'être obligé de mentir.

L'analyse de la personnalité de Jean-Claude Romand a passionné les experts qui ont essayé de comprendre son histoire. Psychopathe, pervers, assassin, victime de son enfance, personnalité narcissique… Beaucoup d'explications ont été tentées. Elles échouent toutes à montrer la fragilité de ce personnage. Dès lors qu'il n'était plus le docteur Romand, il n'était plus rien. Les enquêteurs se sont rendu compte que les personnes de son entourage n'avaient pas d'autres choses à dire que : « C'est un médecin à l'OMS » ; « Il est très gentil » ; « Il s'occupe bien de sa famille » ; « Il est discret » ; « Dès qu'on lui pose des questions plus précises, on n'a pas de réponse. »

Jean-Claude Romand était captif d'un système qui ne le lâchait plus. Il était incapable de se réapproprier ce qui était vrai et ce qui était faux. Son univers était comme un kaléidoscope, fait d'une réalité sans cesse insaisissable. On peut imaginer comment fonctionne l'espace psychique d'un menteur. Il regarde le monde s'animer autour de lui et doit en permanence adapter son discours pour que l'engrenage de son mensonge colle à la réalité. Il produit un univers déformé dans lequel chacun des engrenages est pollué par le faux. Il s'épuise à maintenir de la cohérence dans cet ensemble où il se perd autant qu'il le crée. Il est tenté par la mégalomanie puisque c'est lui seul qui fait tenir toute cette histoire. Il la tient au prix d'un effort de chaque instant et d'une extrême vigilance pour ne jamais se laisser contredire. Il n'a plus de choix, il ne peut penser qu'avec les formes transparentes de son mensonge plaquées sur la réalité. Il en arrive à inverser son jugement : tout ce qui peut faire tomber son univers est le mal, tout ce qui le préserve est le bien. L'angoisse est permanente, épuisante. À la fin, il est perdu.

La vérité est ailleurs

Ce qui est récurrent, dans le jeu des questions-réponses avec Jean-Claude Romand, c'est l'impossibilité de savoir qui il est vraiment. Il apparaît comme un pantin, suspendu dans le vide, sans que l'on distingue les mains qui tiraient les ficelles. Il a tellement brouillé les pistes qu'il est incapable de retrouver sa trace. La question à laquelle ramènent toutes les autres est de comprendre le point de départ. Pourquoi ne s'était-il pas présenté à ses épreuves de fin de deuxième année de médecine ? Lui-même ne le sait pas. À l'un il a dit que le réveil n'avait pas sonné, à un autre, qu'il s'était cassé le poignet, à un troisième, qu'il avait reçu la lettre bouleversante d'une jeune femme qui l'aimait et menaçait de se suicider... Aucune de ses histoires ne tient plus que le temps de l'inventer, de la dire puis de la changer.

L'angoisse majeure de Jean-Claude Romand tout au long de son chemin a été de ne pas pouvoir comprendre ce qui s'était passé lors de ce mensonge initial. Il en a été de même ensuite pour les autres. Sa vie est remplie de blancs, de souvenirs vides. Pour combler ces vides, son esprit produisait mille fictions dont aucune ne parvenait à le sécuriser. Jean-Claude Romand était vivant, mais il n'existait pas. Seul l'animait le mensonge qui le parasitait.

L'inhibition de son entourage

On peut voir les contours de l'effet fauvette en observant les comportements de ceux qui l'ont côtoyé de près. Son meilleur ami et confident, médecin généraliste, a raconté à Emmanuel Carrère qu'à un moment donné il avait trouvé qu'il y avait trop d'éléments incongrus dans la vie de Jean-Claude Romand. L'idée lui était venue de chercher des précisions dans l'annuaire de l'OMS dont il avait un exemplaire posé sur son bureau.

Il en avait ouvert la première page. Puis il avait suspendu son geste, ressentant de la honte, tout à coup, à douter de son ami au point de vérifier ses coordonnées. Il n'a pas été plus loin. Il a refermé l'annuaire puis l'a replacé sur son étagère.

Dans cette histoire, on s'aperçoit que tous ceux qui ont été tentés, à un moment ou à un autre, par une vérification ont, sans se concerter, préféré ne pas la faire. Aucun garde-fou n'a fonctionné. La puissance obscure de l'effet fauvette a été telle que chacun a fermé les yeux. Ni les banques, ni l'administration fiscale, ni les assurances, ni les organismes de crédit. Ni son épouse, ni ses parents, ni ses amis n'ont cherché à examiner ce qu'il racontait. La vérité terrible qui ressort de cette histoire, c'est l'invisibilité des vies cousues de fil blanc. Si le bonheur est là, tant qu'il n'est pas menacé, les mensonges peuvent se prolonger indéfiniment.

CHAPITRE 22

Les obstacles au droit à la vérité

Une étudiante en histoire raconte son arrivée à l'université. Le professeur avait accueilli ses élèves avec un avertissement : « Ici, on travaille sur les documents. Si vous cherchez une vérité, allez vous inscrire en philosophie, c'est en face ! » Le message était clair. Pour ce professeur, la première leçon était qu'en matière d'histoire il n'y a pas de vérité qui tienne.

Que faire alors des livres d'histoire ? La qualité des informations que l'on peut y puiser dépend d'abord de la base documentaire à partir de laquelle les récits ont été établis, puis surtout de la perspective avec laquelle sont éclairés les enchaînements des faits. Ce qui est établi dans nos livres d'histoire n'est jamais que la face exposée d'un événement. Il restera toujours une part restée dans l'ombre. L'effort de l'historien est interminable. Le passé qu'il étudie est comme le point de fuite d'une perspective qui s'éloigne à mesure de sa progression. En fin de compte, un historien ne peut dire que son point de vue, lequel ne sera jamais que partiel et temporaire. Si une vérité historique peut être approchée, elle ne peut naître que de la conjugaison de visions contradictoires.

Celui qui prétend que son point de vue embrasse la vérité historique s'oppose à d'autres personnes qui formulent des propositions différentes. Chacun pourra accuser ses adversaires de falsifier l'histoire pour valoriser un point de vue au détriment d'un autre. Ces désaccords sont une porte ouverte à de vives oppositions entre différents groupes. Au mieux on peut espérer un débat à huis clos, entre experts. Au pire on peut craindre des violences de rue, voire des conflits de grande ampleur. Dans ce contexte la tentation existe, pour une autorité politique, d'utiliser la contrainte législative pour fixer tantôt une vérité, tantôt un mensonge historique et réprimer celui qui chercherait à le contredire. Ce sont les lois mémorielles.

En 2007, le parlement espagnol a voté une loi reconnaissant les crimes commis par l'armée du général Franco durant la guerre civile, pour mettre un terme à une loi précédente, établie sous le régime du général Franco, qui interdisait d'instruire et de juger ces crimes. Il y a des lois en Turquie qui répriment sévèrement toute personne qui parlerait du génocide arménien : un historien qui le ferait perdrait son poste universitaire ; un journal serait interdit. En 2015, en Ukraine, une loi a été établie qui pénalise toute personne qui mettrait en valeur le passé soviétique de ce pays : jouer en public l'hymne soviétique peut entraîner une condamnation à cinq ans de prison.

La tentation d'une loi

Le recours à des lois mémorielles est ancien. Il y eut en France l'édit de Nantes. Au XVIe siècle, les guerres de religion avaient divisé le pays et généré des haines qui s'installaient pour être durables. Fraîchement converti pour accéder au trône, le roi Henri IV avait eu le souci d'apaiser son royaume. Il promulgua la liberté de culte assortie de conditions strictes : l'interdiction de parler des faits passés et l'obligation de faire comme si ces faits n'avaient jamais existé. L'édit commençait ainsi : « [...] que la mémoire de toutes choses passées d'une part et d'autre [...] demeurera éteinte et assoupie, comme de chose non advenue. [...] Défendons à tous nos sujets [...] d'en renouveler la mémoire [...] sur peine aux contrevenants d'être punis comme infracteurs de paix et perturbateurs du repos public. » Grâce à cette loi, les différentes communautés qui composaient le pays, qui avaient si cruellement souffert et fait souffrir, devaient dès lors vivre ensemble comme s'il n'y avait jamais eu ces guerres. Cette paix dura et le royaume se rétablit.

C'est finalement une belle réussite pour une loi mémorielle interdisant la justice des crimes de guerre et le travail de commémoration. Il en est ainsi pour toutes les lois d'amnistie. Il faut accepter les falsifications de l'histoire pour faire durer la paix. On observe ainsi encore que la quête de vérité engendre du désordre là où le consentement au mensonge apaise un groupe social.

L'édit avait été déclaré perpétuel et irrévocable, mais l'histoire montra le contraire avec la décision cent ans plus tard prise par Louis XIV de révoquer ce que son grand-père avait réussi à imposer. Ce fut une erreur. Les protestants prirent le chemin des pays asiles : l'Angleterre, la Suisse, l'Amérique du Nord. Par cette décision, la France fut durablement appauvrie aux plans économique et démographique.

Tant qu'un peuple consent à faire comme si des événements n'avaient jamais existé, il peut prospérer en paix.

Haro sur les historiens

Lors d'une conférence, l'historien Max Gallo confia une mésaventure survenue quelques années plus tôt lorsqu'il fut attaqué en justice au nom d'une loi mémorielle. En 2004, il avait été reçu devant les caméras de télévision d'une chaîne publique pour commenter les célébrations du bicentenaire du sacre de Napoléon Ier auquel il avait consacré un livre qui avait été un succès de librairie. Il s'attendait à être interrogé sur ce qu'il avait si bien raconté : l'audace du chef militaire, l'établissement du Code civil, les conquêtes européennes, l'essor des Lumières, les avancées de la science. En fait on lui présenta un aspect sombre de l'Empereur avec un court reportage sur le rétablissement de l'esclavage. Rappel des faits : en 1794, la Convention abolit l'esclavage dans les colonies françaises ; en 1802, Napoléon Bonaparte le rétablit. Le reportage rappelait que le commerce des êtres humains et l'esclavage étaient aujourd'hui considérés comme un des crimes contre l'humanité. La présentatrice demanda à l'historien pourquoi les biographes de Napoléon n'évoquaient jamais cette décision malheureuse. Max Gallo réagit vivement : « Non !... [...] Vous exagérez. On le fait... Je l'ai fait... Peut-être pas de façon suffisante... Cette tache, car c'est une tache réelle [sur l'œuvre de Napoléon]. Est-ce que c'est un crime contre l'humanité ?... Peut-être... Je ne sais pas. »

Avec ces mots, Max Gallo exprimait clairement sa condamnation morale de l'esclavage et ainsi que le remords de ne pas avoir suffisamment insisté sur ce moment honteux de l'histoire de France. Max Gallo eut aussi un réflexe d'historien, pointant l'anachronisme de cette remarque. La notion juridique de crime contre l'humanité n'était apparue qu'au XXe siècle. Ce concept n'existait pas en 1802.

Une association membre du Comité national pour la mémoire et l'histoire de l'esclavage, porta plainte contre lui pour négation de crime contre l'humanité. Max Gallo fut relaxé en première instance puis en appel. L'association qui le poursuivait en justice fut déboutée au motif que « chacun doit être libre de s'interroger sur la pertinence à qualifier de crime un fait historique quand il n'y a plus personne à juger ».

Jusque-là cette mésaventure fut celle d'un homme seul devant les tribunaux. Il avait voulu rester discret sur cette affaire, laquelle ne fit pas grand bruit autour de lui.

Le droit à exprimer des doutes

Le procès fait à Max Gallo pose plusieurs questions. Avait-il le droit d'exprimer son doute et, si oui, de l'exprimer ainsi, publiquement, au risque de heurter les associations de défense de la mémoire des victimes de l'esclavage ? On ne saurait reprocher à Max Gallo sa franchise et son honnêteté intellectuelle. Il dénonçait sans détour la faute morale de Napoléon, il reconnaissait qu'il n'avait pas suffisamment développé cette critique dans son livre et il avait la délicatesse d'exprimer sous la forme prudente d'un doute sa rigueur d'historien face à un anachronisme.

En même temps, Max Gallo était protégé par un droit ancien, celui de la liberté d'expression et d'opinion. Ce droit figure dans la Déclaration universelle des droits de l'homme dont l'article 19 établit que : « Tout individu a droit à la liberté d'opinion et d'expression, ce qui implique le droit de ne pas être inquiété pour ses opinions et celui de chercher, de recevoir et de répandre, sans considérations de frontières, les informations et les idées par quelque moyen d'expression que ce soit. »

C'est un droit fondamental. Toute personne est libre de douter d'un point de vue qu'on lui donne sur un fait historique et de proposer le sien. Parce qu'elles interdisent d'exprimer une opinion, les lois mémorielles sont en opposition avec la charte des Nations unies. Elles empêchent la quête d'une vérité. Elles empêchent la réécriture possible de l'histoire lorsque le récit a été forgé depuis des années sous une seule et même perspective.

Le collectif des historiens

Un an plus tard en 2005, une affaire de la même nature prit une ampleur nationale. Un professeur d'histoire de la faculté de Nantes, Olivier Pétré-Grenouilleau, venait de publier un travail monumental intitulé *Les Traites négrières. Essai d'histoire globale.* Ce livre avait été salué comme une contribution majeure à la connaissance de ce sujet. Il reçut plusieurs distinctions dont un prix de l'Académie française et un prix du Sénat. Ce livre remarquablement documenté devenait dans la langue française l'ouvrage de référence sur la question de l'esclavage. Mais, aux yeux des Français d'outre-mer descendants d'esclaves, cela restait le point de vue d'un homme métropolitain que n'affectait pas la blessure mémorielle de l'esclavage.

Dans un quotidien du dimanche Olivier Pétré-Grenouilleau avait formulé une expression malheureuse. La traite négrière atlantique qui s'est développée sur deux siècles environ fit des millions de victimes, les hommes et les femmes emmenés en esclavage. La question lui fut posée si la traite négrière pouvait être assimilée à un génocide. Il répondit que non avec l'argument que les colons étaient soucieux de maintenir en vie leur marchandise humaine plutôt que de l'exterminer. Là encore, cette appréciation pouvait être juste, mais elle était maladroite et, une nouvelle fois, une association de défense de la mémoire des victimes de l'esclavage porta plainte contre l'historien pour des propos susceptibles de nier le caractère de « crime contre l'humanité » de la traite négrière ainsi que l'avait établi la loi du 23 mai 2001.

Cette plainte déclencha une vive réaction dans le monde universitaire. Plus de six cents personnalités signèrent une pétition demandant le retrait des lois mémorielles. La pétition déclarait que « l'histoire n'est pas une religion. L'historien n'accepte aucun dogme, [...]. Il peut être dérangeant. [...] L'histoire n'est pas la morale. L'historien n'a pas pour rôle d'exalter ou de condamner, il explique. [...] L'historien ne plaque pas sur le passé des schémas idéologiques contemporains et n'introduit pas dans les événements d'autrefois la sensibilité d'aujourd'hui. L'histoire n'est pas la mémoire. L'historien, dans une démarche scientifique, recueille les souvenirs des hommes, les compare entre eux, les confronte aux documents, aux objets, aux traces, et établit les faits. L'histoire tient compte de la mémoire, elle ne s'y réduit pas. [...] Dans un État libre, il n'appartient ni au Parlement ni à l'autorité judiciaire de définir la vérité historique ».

Controverses sur les lois mémorielles

Dans l'histoire récente, la première loi mémorielle en France avait pour but de protéger une vérité historique. Elle fut promulguée en 1990 à l'initiative du député de Seine-Saint-Denis, Jean-Claude Gayssot. Il s'agissait de réprimer tout propos « contestant l'existence d'un ou plusieurs crimes contre l'humanité » tels que les avait définis le Tribunal international de Nuremberg. Il ne s'agissait plus d'interdire de parler de faits historiques, mais d'interdire que ces faits puissent être remis en cause. Des historiens s'étaient fait connaître en contestant la réalité des camps de la mort et des chambres à gaz dans lesquels des millions de juifs furent exterminés durant la Seconde Guerre mondiale. Dix ans plus tard, à l'initiative de Christiane Taubira, alors députée de Guyane, le Parlement français vota une loi qui reconnaissait la réalité de la traite négrière et sa qualification de crime contre l'humanité. Christiane Taubira luttait contre l'effacement mémoriel de l'histoire de l'esclavage dans les colonies françaises. Les livres d'histoire mentionnaient la seconde date d'abolition de l'esclavage, celle de 1848, mais non celle de 1794, effaçant le souvenir de son rétablissement par Napoléon. Aucun discours officiel, ni monument national ni commémoration pour en manifester le souvenir. Cependant que des citoyens français s'appellent encore aujourd'hui Bonnarien, Lapuante ou Bourrique parce que c'est avec ces patronymes-là que les maîtres avaient pour l'état civil donné un nom à leurs ancêtres. Parce que des clivages persistent dans la structure sociale des anciennes colonies où les descendants d'esclaves côtoient les descendants des maîtres et n'ont pas les mêmes facilités sociales.

Pour autant la loi « tendant à la reconnaissance de la traite et de l'esclavage en tant que crime contre l'humanité » – dite « loi Taubira » – n'est pas totalement conforme à la Constitution, car le Parlement ne peut se substituer à une juridiction nationale ou internationale pour décider qu'un crime a été commis. Seul un tribunal peut qualifier de crime un fait historique, après le procès des personnes incriminées. La loi Gayssot était conforme à la Constitution parce qu'un tribunal international auquel participaient des magistrats français avait en 1945, à Nuremberg, jugé et condamné les dirigeants nazis.

Une déclaration peut suffire

La vérité historique est déclarative. Chacun choisit de croire ce qu'il veut en fonction de son héritage mémoriel et de son honnêteté intellectuelle. L'effort est remarqué lorsqu'une déclaration officielle reconnaît les éléments que les récits précédents avaient effacés. Concernant la mémoire de la traite négrière et de l'esclavagisme, le tournant mémoriel n'a pas été la loi de 2001 mais le discours en 2006 de Jacques Chirac, président de la République, lorsque il reçut le Comité national pour la mémoire et l'histoire de l'esclavage que cette même loi avait institué. Ce comité avait fait le constat d'une mémoire fragmentée et territorialisée ainsi que d'une insuffisance de lieux pour connaître cette histoire et en célébrer le souvenir.

« C'est l'ensemble de la mémoire de l'esclavage, longtemps refoulée, qui doit entrer dans notre histoire, déclara Jacques Chirac, […] La grandeur d'un pays, c'est d'assumer toute son histoire. » Le jour anniversaire de l'adoption à l'unanimité par le Sénat de la loi Taubira, le 10 mai, sera chaque année la journée de commémoration de la mémoire de l'esclavage. Voilà la part de vérité que la loi mémorielle du 23 mai 2001 avait permis d'advenir.

CHAPITRE 23

« Laissez-moi me mentir »

En novembre 1977, dans le cadre d'une série nommée *Soixante minutes pour convaincre*, la télévision française organisa une émission sur les dangers du tabac. L'invité était le cancérologue Maurice Tubiana. Ce professeur à la faculté de médecine de Paris avait une renommée scientifique internationale. Il avait inventé la cobaltothérapie. Il dirigeait plusieurs unités de recherche sur le cancer. Personne ne pouvait contester son autorité sur son sujet. Ce que Maurice Tubiana disait était alarmant : le tabac est dangereux ; le tabac tue directement un fumeur sur trois ; le coût des soins des maladies liées au tabac représente une dépense considérable pour la Sécurité sociale.

Cela déplut au journaliste Pierre Dumayet, père fondateur de la télévision française. Il offrit la réplique à Maurice Tubiana. La mise en scène était soignée. L'image commençait avec un gros plan sur une dizaine de pipes soigneusement alignées dans leur présentoir. Ce plan s'élargissait au bureau pour venir sur le visage du journaliste qui déclarait son agacement avec une parole lente et péremptoire :

« Monsieur le Professeur… Je suis tout à fait convaincu… Vous avez sûrement raison de dire que le tabac est dangereux.

Je ne conteste pas ce que vous dites. Mais ça ne m'empêche pas de fumer… Qu'est-ce que ça signifie ? Ça signifie que je pense que ce que vous dites est vrai, mais ça signifie aussi que je ne le crois pas… Que je ne vous crois pas, Monsieur le Professeur, tout en étant certain que j'ai tort de ne pas vous croire… Vous ne me donnez pas envie de vous croire. »

Pierre Dumayet nous offre de comprendre comment pense quelqu'un lorsqu'on lui fait savoir que son comportement est préjudiciable à sa santé et qu'il ne veut pas l'entendre. *Avoir suffisamment de capacité critique pour admettre son erreur, mais préférer se réfugier dans un système de pensée qui permet de persister sans angoisse dans cette erreur :* c'est la description de l'effet fauvette. Ce discours d'un fumeur est transposable à celui des personnes enchaînées à d'autres addictions : l'alcool, les drogues, les jeux d'argent, etc. Le mot « addiction » est forgé d'un terme latin qui indiquait qu'un esclave n'avait pas de nom et qu'il était *ad-dicere*, qu'il appartenait à son maître. Au Moyen Âge, être addicté signifiait être contraint à travailler au profit d'un maître. Ici, le tyran est l'industriel qui produit et distribue à grande échelle une substance scélérate, la nicotine. C'est celui qui laisse croire à ses consommateurs qu'ils sont heureux de fumer et cache la malédiction à laquelle il les a enchaînés : ils ne sont plus libres d'arrêter de fumer. La dépendance au tabac, c'est la perte de la liberté de s'abstenir de fumer.

Apathie devant l'hécatombe

Les données épidémiologiques sont sidérantes. En France, le tabac tue soixante-dix-huit mille personnes par an. Dans le monde, on estime que durant le XXe siècle le tabac a tué cent millions de personnes, soit autant de morts que la Seconde Guerre mondiale. Le tabagisme est la première cause de mortalité évitable, et si incroyable que cela paraisse on ne parvient pas à s'en préserver. Le tabac est un piège. Une fois qu'on a commencé à fumer, en quelques jours s'installe un phénomène biologique puissant : la pharmacodépendance à la nicotine. Le fumeur devient enchaîné à son paquet de tabac. Comme la fauvette qui nourrit inlassablement l'oisillon coucou, le fumeur ira vaillamment acheter ses paquets de cigarettes. Il pense qu'il est libre de ne pas le faire. Il dit à ceux qui l'avertissent : « Ne vous inquiétez pas. Je peux arrêter quand je veux… Allez ! Encore une ! La dernière ! C'est promis ! » C'est ce qu'il va se répéter chaque jour. Pendant trente années, il va dépenser le quart de son salaire pour acheter des cigarettes. Puis il va tomber malade : artères bouchées, cancer de la gorge ou des bronches, insuffisance respiratoire… Puis il va mourir. Son existence va s'arrêter dix à quinze ans plus tôt que celle d'un homme du même âge qui n'aurait jamais fumé.

Le tabac est le plus grand scandale sanitaire du XXe siècle. Comment se fait-il qu'aucune révolte n'ait mis un terme à cet empoisonnement de masse ?

Il y a plusieurs facteurs qui participent à l'effet fauvette chez le fumeur de cigarette. En premier la politique commerciale des fabricants. L'industrie du tabac est tenue par quatre entreprises multinationales géantes. À elles seules, elles cumulent un chiffre d'affaires qui pèse autant que la onzième puissance mondiale. Leur pouvoir sur l'économie se situe entre celui la Russie et celui du Canada. Ces multinationales ont les moyens d'influencer les décisions politiques dans chaque pays. Elles freinent considérablement les mesures de santé publique qui tentent de restreindre l'emprise du tabagisme sur la population.

En France, la publicité sur le tabac est interdite depuis 1976. Les compagnies de tabac contournent cet interdit et subventionnent le cinéma. En moyenne, dans chaque film, cinq personnes allument une cigarette. L'acteur pour faire viril, l'actrice pour se donner de l'assurance, les deux pour montrer que c'est chic et agréable. Le spectateur a regardé passivement cinq publicités cachées qui l'encouragent à fumer.

Les chimistes complices

Les multinationales du tabac ont peaufiné leurs discours pour protéger leur industrie de plus en plus menacée par les campagnes sanitaires antitabac. En 1994, les fabricants américains de cigarettes ne purent échapper à un grand procès. Pendant des années, ils avaient trouvé des arguments pour contester le lien entre la consommation de tabac et les maladies cardiovasculaires ou broncho-respiratoires. Ils niaient encore que la nicotine fût une drogue entraînant une puissante dépendance. Pourtant, dès le XIXe siècle aux États-Unis, les cigarettes étaient surnommées *coffin-nails* (« clous de cercueil »), image forte qui associe l'addiction et la mort. Dès 1953, les statistiques médicales démontraient un lien direct entre le tabagisme et le cancer du poumon. Lors de ce procès, les dirigeants des sept grandes manufactures de tabac récitèrent au tribunal la même réponse stéréotypée avec une mauvaise foi spectaculaire : « Je crois que la nicotine n'entraîne pas de dépendance. » Dire « je crois » n'est pas un argument de vérité. C'est le catéchisme du menteur. Le magistrat qui les interrogeait acceptait d'être dupé par cette réponse qui cachait la réalité. Les compagnies multipliaient les recettes de fabrication pour entraîner une dépendance chez les fumeurs. Par exemple l'ammonisation du tabac. Depuis longtemps, l'un des groupes cherchait à comprendre pourquoi les cigarettes d'un concurrent avaient les faveurs des consommateurs. Ses ingénieurs découvrirent que la différence entre leur produit et celui de leur rival était des bains d'ammoniaque. Ces bains modifiaient les propriétés chimiques des feuilles de tabac. Grâce à ces modifications, le taux de nicotine libérée lors de la combustion devenait plus élevé. En clair : chaque fois qu'il fumait une cigarette de la concurrence, le fumeur avait une « récompense » nicotinique supérieure à celle produite par les cigarettes des autres fabricants. Une fois ce secret découvert, tous les industriels intégrèrent des bains d'ammoniaque dans leur processus de fabrication. Lorsque les agences de promotion de la santé dénoncèrent cette manipulation chimique des feuilles de tabac destinée à renforcer les pouvoirs addictifs de cette drogue, la réponse des fabricants fut : « Nous l'avons fait pour améliorer la qualité sanitaire du produit que nous fabriquons. » Ils ne reculaient pas devant l'audace de parler de « qualité sanitaire » pour un produit qui délivre plus de trente poisons différents dans l'organisme : du benzène, du formaldéhyde, du toluène, de l'acétone, de l'acrylamide, de l'arsenic, du cadmium, de l'ammoniaque, du chromium, du cobalt, etc.

La petite zone du cerveau

Au milieu du xxe siècle, à l'Université McGill, au Canada, le chef du département de psychologie Peter Milner et son élève James Olds mirent en évidence une zone du cerveau impliquée dans le plaisir lié aux drogues. Au départ, ils étudiaient les zones cérébrales activées dans les comportements d'évitement. Par hasard, ils identifièrent une zone voisine que les rats cherchaient à stimuler plutôt qu'à l'éviter. On sait maintenant que ce centre du plaisir, lorsqu'il est stimulé, déclenche une cascade de réactions au niveau des neurones, qui se traduisent par une libération de dopamine. Les cellules nerveuses se stimulent successivement les unes les autres jusqu'à la libération dans l'organisme de substances spécifiques dites « endorphines » parce qu'elles font jouir de sensations de plaisir aussi intenses que celles provoquées par l'opium ou la morphine.

Voici comment ils firent leur découverte. Une électrode posée dans le cerveau d'un rat, au niveau de ce centre du plaisir, allait permettre d'en étudier l'activation. On mettait de l'eau et de la nourriture à la disposition du rat. Un dispositif à pédale envoyait au rat, lorsque ce dernier posait sa patte dessus, une décharge électrique par l'électrode placée dans son cerveau. Le rat est un animal explorateur. Au début, il marchait accidentellement sur cette pédale en allant régulièrement boire et manger, et la décharge électrique stimulait instantanément son centre du plaisir. Le rat a fini par s'installer sur la pédale pour obtenir un effet continu. Certains rats allaient jusqu'à activer la pédale au rythme de cent pressions par minute. Ils pouvaient supporter des chocs électriques de plus en plus intenses. Certaines décharges étaient tellement fortes que les rats faisaient des bonds et allaient se cogner sur les parois de la cage, puis sitôt remis se précipitaient à nouveau sur la pédale pour chercher une nouvelle décharge aussi forte que la précédente. À la fin, le rat abandonnait l'eau et sa nourriture, exclusivement occupé à obtenir des décharges de plaisir. Il finissait par mourir de faim dans un état ininterrompu de jouissance. La cigarette exerce la même fonction que cette pédale. Les compagnies de tabac qui produisent la nicotine prennent le contrôle du centre du plaisir des fumeurs qui préféreront assouvir leur addiction plutôt que de mettre fin au mal qu'ils s'infligent. Cela explique la déclaration de Pierre Dumayet qui ripostait aux avertissements du professeur Maurice Tubiana en disant qu'il préférait ne pas y croire pour pouvoir continuer à fumer tranquillement.

Les géants démasqués

Lorsqu'elles furent confrontées à des actions en justice, les compagnies de tabac développèrent des stratégies imparables. Leurs avocats étaient pugnaces et imaginatifs. Les industries du tabac finançaient leurs propres laboratoires qui fournissaient des études dirigées de manière à apporter des résultats contraires aux enquêtes publiques qui montraient la toxicité du tabac. Si un journal se hasardait à enquêter sur les dangers du tabac, il était immédiatement menacé de perdre les substantiels revenus publicitaires que lui versaient ces compagnies. Lorsque ces dernières avaient à fournir des documents à la justice, ceux-ci étaient imprimés sur du papier rouge, impossible à photocopier. Elles inondaient les tribunaux d'une quantité de documents dont il était impossible de prendre connaissance en totalité. Elles étouffaient le système judiciaire avec des dossiers de huit millions de pages…

Le scandale éclata par l'action conjuguée de plusieurs lanceurs d'alerte. Jeffrey Wigand fut le plus médiatisé d'entre eux parce que de tous les lanceurs d'alerte il était celui qui avait occupé une haute fonction au sein d'un groupe industriel :

celle de sous-directeur, chef des services de recherche et de développement. Parmi les raisons qui le firent passer à l'acte, il s'était aperçu que dans ses comptes rendus le terme « cancérigène » avait été remplacé par l'euphémisme « amplificateur de l'activité biologique cellulaire ». L'euphémisme est une arme de menteur : dissimuler une vérité – le danger mortel du tabac – derrière des mots d'apparence anodine qui trompaient le néophyte sur la réalité de la situation.

Jeffrey Wigand subit toutes les misères possibles d'un lanceur d'alerte. En difficulté dans sa vie de couple, il se sépara de sa famille. Menacé, il dut prendre un garde du corps. Où qu'il se déplaçât des camionnettes de la radio et de la télévision le suivaient. Les enquêteurs, trop heureux d'avoir enfin accès à la vérité, l'interrogèrent et le maltraitèrent comme un criminel. Le juge le bâillonna par une interdiction de prise de parole publique. Pour le discréditer, les compagnies engagèrent des détectives privés qui fouillèrent sa vie privée pour ensuite présenter Jeffrey Wigand dans les médias comme un homme instable, tricheur et voleur. Ces calomnies le firent souffrir. Mais finalement son témoignage ainsi que la somme de documents récupérés par les tribunaux permirent d'aboutir à la condamnation des fabricants de tabac.

Et le vainqueur est… l'industrie du tabac !

Cela aurait dû sonner la fin de l'industrie du tabac aux États-Unis. Durant le procès, les procureurs utilisèrent l'arsenal juridique mis en place pour lutter contre la mafia. Au terme de quatre années de procédure, les compagnies négocièrent avec quarante-six États un accord-cadre d'une ampleur spectaculaire. Les États signataires acceptaient de mettre un terme à toute poursuite judiciaire contre les fabricants de tabac sous la condition d'une amende record de 280 milliards de dollars à régler sur vingt-cinq ans, assortie de l'interdiction de toute démarche de vente auprès des jeunes.

Avec le recul, cette condamnation n'apporta pas les résultats escomptés. Les industries du tabac furent tranquillisées par cet accord qui empêchait toute poursuite ultérieure. Elles avaient acheté leur impunité. Elles compensèrent cette amende par une hausse du prix du paquet de cigarettes. Au bout du compte, ces milliards de dollars ont été payés par les fumeurs eux-mêmes, les grandes fauvettes de ce système, qui se soumirent à cette augmentation.

En dépit des révélations sur l'industrie du tabac, en dépit des avertissements sur les paquets de cigarettes, en dépit des problèmes de santé qui ont affecté leurs proches qui ont fini leur vie dans un état de santé misérable, les fumeurs continuent à fumer. Pris par l'addiction à la nicotine, aveugles aux manipulations des entreprises qui les exploitent à grande échelle, les fumeurs nous montrent aussi une vérité imparable : avec ou sans cigarette, nous sommes mortels et il nous faut vivre comme si nous ne l'étions pas.

CHAPITRE 24

Internet et les fausses informations

« Les Décodeurs » est le nom d'un blog du journal en ligne *Le Monde*. C'est un site Internet à partir duquel on peut observer ce qui se passe sur d'autres sites. Son but est d'aider à sortir de l'effet fauvette ou de l'aveuglement. Comme d'autres sites établis sur les mêmes principes, il apporte à chacun des éléments d'informations pour faire face aux fausses nouvelles (*fake news*) amplifiées par Internet, les forums en ligne et les réseaux sociaux. Sa consultation est gratuite, accessible à tous. Il remplit une fonction de service public. On y apprend à douter, à vérifier, à faire son jugement, y compris sur le site lui-même.

Babar le poney

En mars 2018, une information circula sur Internet. Elle était apparue sur le site LeJournalNews.com. Un gros titre attirait l'attention : « Le poney Babar, oublié au Salon de l'agriculture, sera confié au gérant d'une boucherie chevaline si son propriétaire ne se manifeste pas. »

La photo montrait un animal qui ressemblait à une grosse peluche. Une bête au pelage roux et abondant était attachée à une grille, immobile, la tête baissée. Elle attendait que quelqu'un vienne s'occuper d'elle. Sous la photo un deuxième texte complétait le gros titre. On pouvait lire que le compte à rebours était lancé. La menace était imminente. L'animal abandonné allait prochainement être abattu. L'article ajoutait deux précisions apportées par un organisateur du salon. « Il s'appelle Babar, c'est marqué sur son collier. »

Babar est un nom connu de tous, petits et grands. Il évoque un bébé éléphant doux et intelligent, dont le papa et la maman ont été tués, que les méchants chasseurs poursuivent et qui attend qu'une bonne personne vienne le sauver. L'histoire du poney malheureux réveillait des émotions de l'enfance. Sur le site LeJournalNews.com, les premières réactions apparurent :

- « Ne le laissez pas finir en steak, ça me révolte ! »
- « C'est abject (*sic*) et tous ces éleveurs et bouchers me font vomir ! Pauvre petit poney, c'est juste immonde !!! Après on nous dira que ces pauvres éleveurs aiment leurs animaux !!! Ce ne sont que des billets sur pattes et rien d'autre ! Honte à vous vous êtes à gerber !! »

L'aveuglement et l'amplification émotionnelle

Au milieu de ces commentaires indignés, toujours sur le même site, apparurent en même temps d'autres commentaires qui signalaient que LeJournalNews.com était un journal parodique et que l'information était probablement un canular.

Mais l'effet fauvette était déjà installé et se prolongeait malgré les avertissements. Les internautes indignés ne décrochaient pas de leur perchoir émotionnel. L'éventualité d'une tromperie n'arrêtait pas la surenchère de réactions révoltées :

« Blague ou pas, chaque année des animaux sont "oubliés" et la majorité de ceux qui ont été caressés, avec des Oh et des Ah, et des "comme ils sont mignons", vont à la fermeture du salon directement à l'abattoir, économie oblige ! À l'heure à laquelle j'écris ce commentaire, beaucoup d'entre eux ont déjà été égorgés, pour finir dans les assiettes de ceux qui ne manquent de rien. »

L'histoire de Babar le poney enflait sur les réseaux sociaux. En quelques jours il y eut plus de 2 300 partages sur Facebook, 560 réactions d'indignation signalées par émoticônes et près de 350 commentaires. « C'est honteux, il faut condamner le propriétaire. »

Près de trois commentaires sur quatre rappelaient que l'information était probablement fausse. Les internautes sceptiques apportaient des arguments convaincants. Ils répétaient que le site LeJournalNews.com se définissait lui-même comme un journal parodique, et que les gros animaux ont des puces électroniques qui permettent de les identifier ainsi que leurs propriétaires. Malgré ces rappels au bon sens et à la raison, les commentaires indignés se multipliaient. Comme si les internautes s'obstinaient à vouloir que ce canular fût vrai. Ces internautes choisissaient de se laisser fasciner par le chatoiement du faux plutôt que convenir de l'insipide réalité du vrai. Pourtant il était facile avec un moteur de recherche de tracer la photo de l'animal. « Les Décodeurs » nous apprennent qu'il s'agissait d'un âne photographié par sa propriétaire lors d'une parade aux États-Unis, et dont la photo avait été postée sur les réseaux sociaux. L'histoire était bidonnée mais, quoique rapidement déclarée comme fausse, les réactions d'indignation étaient vraies et ne cessèrent pas. C'est l'atout subtil des fabricants du mensonge : ce qu'ils montrent est faux mais les réactions qu'ils produisent sont réelles et interagissent avec la réalité.

Les informations parodiques séduisent

Les sites parodiques sont consultés avec une grande fréquence. Leurs espaces publicitaires sont rémunérés au nombre de visiteurs. C'est une affaire qui marche. Ces sites se multiplient.

Ils offrent un plaisir au lecteur. Celui de sentir passer l'effet fauvette sans s'y laisser prendre. C'est un jeu, un divertissement et, *via* les réseaux sociaux, un plaisir de partager cet amusement avec des amis.

Sur ces sites parodiques, la structure des fausses informations est souvent la même. Elle se décline en trois temps.

Le premier temps est la présentation d'un fait divers riche en détails vraisemblables. Ce fait divers est présenté avec une information abondante, ce qui laisse supposer qu'il est documenté. Il faut que le lecteur pense que quelqu'un – le pseudo-journaliste – a effectué le travail de vérification nécessaire avant de le publier. Ce qui compte le plus dans ce moment est la cohérence de l'histoire. Son déroulé doit suivre la rigueur d'une démonstration logique. Que l'affaire soit fausse ou vraie, il faut qu'elle ait un début crédible.

Le deuxième temps est celui de l'accroche du lecteur par l'émotion que cette histoire peut susciter. Le lecteur doit pouvoir se dire que, si cette histoire est vraie, alors elle est monstrueuse, scandaleuse. Qu'il lui faut réagir et s'indigner.

Le troisième temps est facultatif. C'est la découverte d'un indice supplémentaire, suffisamment grotesque pour que la majorité des gens soient en mesure de réaliser qu'il s'agit d'un canular et qu'il faut remplacer l'indignation par le rire.

Les chats bonsaïs et les défenseurs des animaux

Tout le monde peut créer un site Internet parodique. C'est la liberté de s'amuser, de se moquer de nos manières et de nos faiblesses. En décembre 2000, un étudiant du prestigieux Massachusetts Institute of Technology créait le site Bonsaikitten. Il se présentait sous le pseudonyme de docteur Michael Wong Chang. « Docteur », ça fait sérieux. Wong Chang, ça fait chinois. Il prétendait restaurer l'art asiatique ancestral de miniaturiser des chats en les faisant entrer dans des petites bouteilles. Il se vantait d'avoir obtenu en quelques mois des petits chats cubiques. Le site donnait des détails loufoques sur les techniques pour les nourrir et assurer leur propreté dans leur cage de verre. Il montrait des photos de chats à vendre. En fait, il s'agissait de photos de mignons chatons blottis dans une posture attendrissante. Il ne mentionnait ni adresse ni prix. Il écrivait : « Les miaous feutrés qui sortent des bocaux sont un enchantement pour le foyer. » Les visiteurs amusés laissaient des commentaires qui indiquaient qu'ils avaient saisi le côté parodique et amusant du site : « J'ai un lapin, est-ce que je peux faire pareil ? », « Peut-on appliquer ce protocole à un ex-fiancé ? », « Je suggère les chevaux-bonsaïs, au moins on ne se fait pas griffer ? », « Est-ce que je peux donner à mon chien la forme d'un bretzel ? » À quoi le faux docteur Wong Chang répondait : « Non. On ne peut faire que des chats. » Un internaute amusé surenchérissait en écrivant qu'il y avait déjà sur le marché des sites qui vendaient des imitations de chats bonsaïs artificiellement réduits avec une photocopieuse. Ces échanges restaient dans l'univers potache des étudiants. Mais l'affaire tourna à l'aigre.

« Comment OSEZ-vous traiter ainsi des animaux. Vous allez PAYER pour ce que vous leur avez fait !! Vous allez nous entendre, nous et la ligue de défense des animaux ! » Des internautes militants de la cause animale lancèrent des attaques contre l'étudiant farfelu au prétexte que des personnes crédules pourraient appliquer ces techniques pour de vrai. Des centaines de plaintes pour incitation à la cruauté furent adressées à la société protectrice des animaux des États-Unis pour qu'elle attaquât le créateur du site. Des personnes armées furent interpellées rodant sur le campus en quête d'information sur le docteur Wong Chang. Des agents du FBI furent mandatés pour enquêter sur l'auteur de ce canular numérique. La réaction des autorités fut adaptée. Le conseiller juridique de l'institut fut consulté. Il déclara que le site Bonsaikitten ne présentait pas de photos d'animal en souffrance. Aucun contenu ne permettait de poursuivre l'étudiant pour cruauté. Il n'y avait pas lieu de prendre des sanctions. L'étudiant pouvait se prévaloir de sa liberté d'expression, droit que défend le premier amendement de la Constitution des États-Unis. Il n'y avait pas lieu de divulguer le nom du farceur qui fut cependant contraint de fermer son site. Ce qu'il fit, mais son contenu fut transporté sur un autre hébergeur où il restait accessible à la consultation en ligne.

On voit dans cette histoire comment l'effet fauvette est le moteur du fanatisme moderne dans l'univers numérique. Ici, il s'était manifesté par le refus de reconnaître le site Bonsaikitten pour ce qu'il était : une parodie. C'était l'obstination à tenir pour vraie une blague qui avait pu passer pour véritable au premier degré, mais qui dès l'examen perdait toute crédibilité. Le comble, c'est que ce site a été transféré vers un autre site, rotten.com, moins recommandable, qui rassemble toutes les photos les plus horribles sur des cadavres et des corps en décomposition. L'activisme des ligues de vertu n'avait que renforcé le vice qu'elles voulaient combattre. Ce fut une tartufferie numérique.

Les infox, les mèmes et le battage médiatique

Le mot *infox* a été forgé pour donner dans la langue française un équivalent à *fake news*. Le *mème* est une information qui se multiplie à l'identique d'un forum Internet à un autre. Le principe d'un mème est sa tendance à la réplication. L'infox devient virale lorsqu'elle prend une forme épidémique. Dans le jargon on dit qu'« elle fait le *buzz* » : tout le monde en parle. L'infox fait la « une » des médias dans les journaux, à la télévision, à la radio. Elle est mise en avant au détriment de toute autre information, elle contraint des personnalités ou des institutions officielles à réagir alors même que cette information n'est pas créditée de la moindre vérification.

L'événement désigné sous le nom de Pizzagate en est un exemple. En octobre 2016, un mois avant la fin de la campagne présidentielle américaine, la boîte mail de John Podesta fut piratée. Il était le directeur de campagne de Hillary Clinton qui accusa les Russes d'avoir opéré ce piratage puis livré ces mails au site WikiLeaks qui les mit en ligne immédiatement. Pour les journalistes qui suivaient la campagne, ces mails, étaient décevants. Il n'y avait que des banalités professionnelles qui ne contenaient rien de confidentiel. Sur des forums conservateurs, 4-Chan et Reddit, des internautes partagèrent des remarques sur la présence du mot « pizza » dans ces mails, puis l'un d'entre eux lança l'idée que le mot « pizza » était un code et que ces échanges contenaient des messages cachés. Ils ouvrirent la boîte de Pandore de leurs fantasmes pédophiles. Ils déclarèrent que « pizza » était le code pour dire « petite fille », que « hot-dog » était le code pour dire « jeune garçon », et ainsi de suite. L'infox était créée. John Podesta et Hillary Clinton entretenaient un réseau pédophile qui se serait situé dans les sous-sols d'un restaurant de Washington, le Comet Ping Pong, dont le propriétaire était connu pour son soutien au Parti démocrate. L'infox devint un même, se développant et s'amplifiant sur les forums de l'extrême droite américaine. Sur Twitter fut créée une adresse dédiée #pizzagate. Deux thèmes s'imbriquaient : la pédophilie et le complot. Les moteurs de recherche d'Internet orientaient les curieux vers les forums d'extrême droite, seuls sites à héberger ces contenus délirants. L'information fut reproduite en cascade. Les mèmes se multiplièrent de façon vertigineuse. Des détails furent diffusés sur le restaurant et ses sous-sols qui pourtant n'existaient pas. Une photo de Barack Obama en train de jouer au ping-pong fut publiée comme preuve d'un lien entre le président et le restaurant, avec ce commentaire : « Voilà Obama au Comet Ping Pong. » Cela aurait dû être repéré comme le gag de ce canular : en quoi la photo banale d'un homme qui joue au ping-pong serait-elle la preuve qu'il va dans un restaurant qui s'appelle Comet Ping Pong ? Cet énoncé absurde aurait dû entraîner une réaction de recul et montrer l'absurdité de ce délire collectif. Ce fut l'inverse qui se produisit. L'infox se développait de plus belle et s'enrichissait en passant d'une plateforme à une autre. Un lexique de codes et de symboles pédophiles fut inventé et ceux qui participaient à ces forums se prenaient au jeu d'identifier des symboles pédophiles partout autour de Hillary Clinton. Ce fut un effet fauvette de masse. Puis la menace prit forme. Des portraits-robots de John Podesta et de son frère furent diffusés, comme dans les westerns, avec « avis de recherche ». Le propriétaire du restaurant et son équipe reçurent des menaces. Point d'orgue de cette rumeur, une vidéo fut mise en ligne par le commentateur ultraconservateur et polémiste Alex Jones : « Quand je pense à tous ces enfants que Hillary Clinton a elle-même assassinés, enlevés et violés, je n'ai aucune peur à me tenir devant elle. » La vidéo fut visionnée cinq cent mille fois en quelques jours. Puis il y eut un coup de théâtre : un homme armé d'un fusil d'assaut surgit au milieu du Comet Ping Pong et vida son chargeur dans les murs. Par chance, personne ne fut blessé. Après avoir méthodiquement exploré le restaurant, l'homme se fit docilement arrêter. Il s'appelait Edgar Maddison Welch. Il est le premier commando-fauvette identifié de l'ère Internet. Il fut condamné à quatre ans de prison. Il expliqua qu'il était venu « pour sauver les enfants esclaves du sexe ». Au moins put-il témoigner qu'il n'avait pas de sous-sol et que les images présentées sur les forums extrémistes comme preuve d'un réseau pédophile ne correspondaient pas à la réalité.

Le choc de cette histoire réveilla les institutions endormies qui avaient laissé se propager la rumeur, sans intervenir, au nom d'une liberté d'expression finalement synonyme d'impunité pour ceux qui génèrent des infox et ceux qui laissent se développer la théorie du complot.

CHAPITRE 25

Les foules de mauvaise foi

L'homme est un animal social. Il trouve son équilibre dans la vie au milieu des autres. Il est soutenu par son groupe et en échange il participe à le servir. C'est le fonctionnement idéal. Une communauté est d'autant plus forte que l'altruisme y est développé. Mais, si on se porte à l'échelle des membres de ce groupe pour les observer séparément avec leurs différences, l'économie du fonctionnement social pousse chaque individu à être égocentré. Il agit de manière à s'en sortir le plus facilement possible sans exposer ses faiblesses. C'est dans cette tension entre l'individu et son groupe que se manifeste, invisible et insupportable, la mauvaise foi.

Soyons un peu honnêtes ! Reconnaissons qu'il y a un potentiel de mauvaise foi en chacun de nous. La mauvaise foi, c'est le mensonge réflexe. C'est la malhonnêteté intellectuelle au service du bénéfice personnel. On est en difficulté devant une lâcheté, un parti pris douteux, une faute ancienne. On a tort. On le sait. Mais ça nous gêne de le reconnaître. Ça nous irrite. Alors on dit que ce n'est pas vrai. On efface cet embarras en tordant la réalité pour la rendre plus acceptable.

La mauvaise foi est une chose ordinaire et malsaine. Elle est une stratégie efficace pour celui qui l'utilise. Elle lui évite de se sentir dévalorisé. Elle le protège de la honte et de la culpabilité. Elle lui permet de se maintenir face au jugement des autres. Mais elle agace ceux auxquels elle s'oppose. Elle les agace d'autant plus que la mauvaise foi est la forme de mensonge la plus difficile à faire tomber. La mauvaise foi laisse la partie adverse impuissante et désarmée. Celui qui y est confronté est tenté de s'y mettre à son tour. Deux personnes de mauvaise foi qui s'affrontent, c'est la comédie et parfois la tragédie de la condition humaine.

Le chaudron percé

On peut illustrer un comportement de mauvaise foi avec le conte du chaudron percé. L'histoire est la suivante : un homme emprunte à son voisin un chaudron puis, ses affaires faites, il le lui restitue. Le voisin est mécontent parce que ce chaudron lui a été rendu avec un trou, donc inutilisable. Le voisin demande à celui qui a emprunté son chaudron qu'il assume ses responsabilités et le fasse réparer. L'homme, qui ne veut rien débourser, commence par un premier mensonge. Il déclare qu'il n'a jamais emprunté ce chaudron. Il ne convainc personne. Son mensonge a échoué et il en essaie alors un autre. Il réplique que, lorsque son voisin lui a prêté ce chaudron, le trou y était déjà. Cette deuxième déclaration est la reconnaissance implicite que la première était un mensonge. Mais il fait comme si personne ne s'en était rendu compte. Comme on ne le croit toujours pas, il ment une troisième fois et affirme que, lorsqu'il l'a rendu au voisin, le chaudron n'avait pas de trou.

La scène donne ceci :

- « Non, je n'ai jamais emprunté de chaudron. »
- « Oui, mais quand on me l'a prêté, il y avait déjà un trou. »
- « Oui, mais quand je l'ai rendu, il n'y avait pas de trou. »

Quel que soit l'ordre dans lequel on aligne ces trois phrases, les contradictions du menteur sautent aux yeux. La mauvaise foi, c'est la fabrique du faux en refusant ce que la logique et l'analyse permettent de comprendre. Imaginons un instant que cet homme qui ne veut pas reconnaître sa responsabilité soit un personnage puissant. On a envie de rire devant autant de maladresse, mais on ressent aussi une inquiétude. L'embarras de cet homme puissant perturbe la tranquillité du groupe social sur lequel il exerce son emprise. La tentation sera forte pour ce groupe d'accepter et de répéter ces mensonges pour ne pas irriter cet homme de pouvoir. C'est là que la mauvaise foi joue un rôle considérable dans le consentement au mensonge de toute une communauté.

La mauvaise foi est le comportement d'une personne qui multiplie les versions de son mensonge jusqu'à obtenir gain de cause. L'homme de mauvaise foi n'a qu'une stratégie : ne jamais fléchir sur son effort pour tordre la réalité, quitte à multiplier des invraisemblances et à laisser derrière lui les preuves de ses mensonges précédents. Son seul but est d'obtenir, après épuisement de son contradicteur, un consentement général sur ce qu'il veut faire établir comme un fait immuable.

Qu'il soit exercé par un individu ou par un groupe, le pouvoir est défini aussi par la capacité à imposer des mensonges. La mauvaise foi n'est jamais loin de son exercice.

L'autojustification

Identifier un comportement de mauvaise foi relève de l'évidence. Cependant ce comportement est difficile à dénoncer en raison d'une réticence à cette évidence. Ce qui vaut pour un homme puissant vaut aussi pour une classe sociale dominante. Le vocabulaire anglo-saxon s'est enrichi d'une catégorie de mots pour désigner différentes formes de mauvaise foi à l'échelle d'une catégorie sociale. En 2008 est apparu le terme *mansplaining :* la justification masculine ou « mecxplication », pour désigner une forme de discours par lequel des individus de sexe masculin minimisent les harcèlements dont sont victimes leurs collègues féminines.

Voici une situation typique d'autojustification masculine : dans une discussion ouverte une femme se plaint de l'épuisement causé par le harcèlement sexuel qu'elle subit au quotidien. Parmi ceux qui l'écoutent, un homme rétorque : « C'est normal, car tout le monde sait que les femmes sont plus émotives que les hommes. » Un tel argument permet à cet homme de ne pas être dérangé par le fait qu'il pourrait être concerné par la problématique du harcèlement sexuel. Il se protège en pensant que, si les femmes souffrent de ce harcèlement, c'est leur faute et non la sienne. Il n'a pas à douter de ses valeurs, ni de son éducation ni de ses comportements en société. Avec sa mauvaise foi, il reste tranquille. C'est imparable. Comme c'est un raisonnement gagnant, les autres hommes l'imiteront. Dès lors une femme ne pourra pas aborder ce problème devant un groupe d'hommes sans se voir opposer cette même argumentation. La mauvaise foi masculine paralyse toutes les actions que pourraient mettre en œuvre les femmes pour sortir des inégalités sociales dont elles sont l'objet.

Le refus d'envisager les problèmes des autres

Autre exemple d'autojustification, cette fois-ci dans le domaine du racisme. Sur le modèle de la justification masculine a été créé le terme de *whitesplaining :* « la justification par des Blancs ». Elle a été décrite par une journaliste anglaise, Reni Eddo-Lodge dans un ouvrage intitulé *Pourquoi je n'aborde plus avec des Blancs les problèmes de racisme.* Elle résume la difficulté à laquelle elle est confrontée : « Si vous essayez de nommer le problème, on vous fait comprendre que c'est vous le problème. »

Le constat de départ est sous les yeux de tout le monde : il est plus difficile pour une personne à la peau noire d'obtenir un contrat de travail à durée indéterminée, d'avoir accès à une location résidentielle, d'être admis dans un cursus universitaire, etc. Les statistiques montrent la réalité de ce phénomène en Angleterre ainsi que dans d'autres pays d'Europe et d'Amérique du Nord. Lorsque, devant un public de personnes blanches, Reni Eddo-Lodge évoquait les difficultés auxquelles elle avait été confrontée, les réponses étaient toujours structurées de la même manière : « Les personnes à la couleur de peau noire voient du racisme partout. C'était vrai dans le passé mais les choses ont changé. Maintenant tout va bien. C'est inutile d'en parler davantage. Vos revendications sont pénibles. »

La journaliste anglaise était confrontée au refus de débattre sur un sujet qui embarrassait la classe sociale dominante. Difficile alors de mettre en place des propositions pour résoudre ce problème. On déduit de ce blocage que la classe dominante rechigne à faire avancer ce débat parce qu'elle trouve des bénéfices à ce que la situation reste en l'état.

Polémiques ordinaires sur le racisme

En France, Rokhaya Diallo est une journaliste militante antiraciste.

Le racisme est une réalité en France aussi. Il ne faut pas aller très loin en arrière pour en trouver des traces vives. Dans un ouvrage de lecture destiné aux élèves des classes primaires, *Le Tour de la France par deux enfants*, le racisme s'exprime dans un encart de présentation sur les « races d'hommes » avec ce commentaire : « La race blanche est la plus parfaite des races humaines. » Dans des ouvrages de médecine et de psychologie, comme le manuel alphabétique de psychiatrie dans son édition de 1952, dans l'entrée « primitivisme », les indigènes de l'Afrique noire sont décrits comme des « peuplades inférieures ». Ces ouvrages ont inscrit dans l'esprit des élèves et des étudiants des représentations mentales transmises de génération en génération.

Rokhaya Diallo anime des émissions de radio et de télévision ainsi que des forums numériques dans lesquels elle débat du racisme. À l'occasion d'un déplacement à Chaumont-sur-Loire, lors d'une conférence devant un jeune public où elle était filmée, elle a donné un exemple de la discrimination ressentie par les personnes à la peau noire : « Le monde est pensé et construit pour les personnes blanches, [...] ça se voit sur des détails, [...] les pansements par exemple, [...] je ne sais pas si vous avez remarqué la couleur des pansements, [...] moi je suis noire : un pansement sur moi on ne voit que ça ! »

Par cet exemple trivial illustrant ses problèmes dans la vie quotidienne, elle montrait comment le système social pouvait être normatif et donner aux minorités le sentiment d'être exclues.

En janvier 2018, Rokhaya Diallo fut l'invitée d'une émission politique à la télévision. L'extrait de sa conférence fut repris dans la vidéo de présentation. Ensuite Rokhaya Diallo fut amenée à compléter son propos. Elle donna d'autres exemples comme le soin des cheveux et la gamme cosmétique. Elle raconta qu'elle avait, comme les autres femmes noires vivant en France, des difficultés à trouver un coiffeur qui sache s'occuper de son type de cheveu, comme à trouver dans les grandes surfaces un fond de teint adapté à sa couleur de peau. Elle expliquait que, lorsqu'elle se présentait pour une émission de télévision, elle devait apporter son propre matériel de maquillage parce que la maquilleuse n'en disposait pas. Elle repérait une inégalité persistante à travers une série de situations sociales préparées pour des personnes à la peau blanche et pas pour des personnes à la peau noire.

Son discours eut une audience nationale. Il n'y eut aucune réaction particulière à ce moment-là. Quelques messages de soutien sur les réseaux sociaux. Quelques remarques racistes aussi. Rien ne bougea vraiment.

Tempête sur un bout de sparadrap

En mai 2018, soit quatre mois plus tard, sur le compte Twitter qu'entretient régulièrement Rokhaya Diallo, reprenant le débat de l'émission de télévision, un sympathisant lui signalait la disponibilité de pansements de couleur aux Pays-Bas. L'information s'avéra désuète car les entreprises qui s'étaient lancées dans la fabrication de ces pansements avaient abandonné leur production, faute d'un marché commercial suffisant en Europe. Dans cette série d'échange, un autre internaute lui proposait d'utiliser des pansements transparents. Rokhaya Diallo lui répondit, toujours selon le format bref imposé par le réseau social : « Pourquoi nous orienter vers des pansements transparents sous lesquels la compresse blanche reste visible, quand le sparadrap pourrait être marron et la recouvrir ? »

On peut supposer que c'est la mention du mot « blanche », avec les représentations symboliques qui lui sont attachées, qui déclencha la réaction en chaîne. D'une façon que rien ne laissait prévoir, une vague de haine déferla sur la journaliste. Le jour même fut construit un hashtag #sparadrapgate, le « scandale du sparadrap ». C'était créer le détonateur pour des attaques en série. Chaque jour, des centaines des tweets haineux ou racistes furent envoyés. Tout ce qui était identifié de couleur blanche fut utilisé pour tourner en dérision le message de Rokhaya Diallo. « Les vaches françaises sont racistes puisqu'elles font du lait blanc. » C'était à celui qui se montrait le plus inventif : la farine, la neige, le riz, la crème Chantilly, les bandes blanches du bord des routes, les globules blancs… Les relents racistes ressurgirent, illustrant le phénomène de *whitesplaining* :

« Le Français est blanc. Que les autres se considèrent comme des pièces rapportées est leur problème. »

La vague envahit ensuite les médias traditionnels : les journaux, la radio et la télévision. Victime de cette déferlante, la journaliste était accusée « de foutre le bordel en France ». Des hommes politiques s'en mêlèrent pour faire valoir des revendications identitaires et nationalistes. Les éléments constitutifs de ce lynchage médiatique étaient structurés de la même manière : extraire des propos de Rokhaya Diallo les mots « problème », « compresses » et « blanches » puis déconstruire son message pour le reformuler en haine du Blanc. Le #sparadrapgate est l'exemple de ce que peut produire l'agglutination de gens de mauvaise foi. Portée par l'énergie des réseaux sociaux, leur réussite fut spectaculaire, opportuniste et éphémère. Écrasée par la masse, la parole de la communauté noire fut momentanément inaudible.

Les réseaux sociaux amplificateurs de la mauvaise foi

Sur les réseaux sociaux les internautes se mobilisent et interagissent comme des individus au sein d'une foule. Mehdi Moussaïd est un chercheur en sciences cognitives qui étudie les comportements des foules. Il a donné à sa discipline le nom de *fouloscopie*. La science des foules nous éclaire sur le mode de développement des fausses informations sur Internet. Mehdi Moussaïd reprend les travaux d'un informaticien, Duncan Watts, qui a étudié la formation des cascades sur Twiter. Ce chercheur a mesuré comment et combien de fois une information postée sur un réseau social est partagée. Le chemin d'une information sur Internet dessine une chaîne de propagation dénommée cascade de diffusion. Lorsqu'un internaute poste une photo sur son compte, dans 93 % des cas personne ne la partage. La cascade s'arrête à l'information initiale. Dans 6,8 % des cas, l'information est relayée par un ou deux autres internautes. Dans 0,2 % des cas seulement, l'information progresse selon une cascade exponentielle. Internet est une foule où la plupart du temps il ne se passe rien ou presque rien. Les « mégacascades » sont un phénomène rare. Mehdi Moussaïd montre que la structure d'une cascade varie selon que l'information relayée est vraie ou fausse. Sans regarder le contenu du message, seulement en regardant comment il se propage, on peut, trois fois sur quatre, deviner la valeur de cette information. Plus une information est fausse, plus sa cascade est importante, plus l'information circule rapidement, et plus sa structure sera verticale, c'est-à-dire provenant majoritairement de personnes n'appartenant pas à son réseau.

Mehdi Moussaïd fait aussi observer l'importance du phénomène de distorsion. On s'aperçoit que le message se déforme en fonction de ce que les personnes ont envie d'entendre. Au fur et à mesure de sa propagation sur un réseau social, une information se transforme pour aller dans le sens de ce que pense le groupe où elle se diffuse.

On peut le généraliser ainsi : chaque fois qu'une information sur Internet prend une forme virale, on peut supposer qu'elle est partiellement ou totalement fausse. Les réseaux sociaux sont des miroirs qui renvoient à chaque internaute l'image déformée de son opinion. À côté des services qu'ils remplissent dans la vie de tous les jours, les réseaux sociaux sont des amplificateurs de l'effet fauvette.

POUR CLORE CE LIVRE

Éloge de la rationalité : le doute et la raison dans la quête de la vérité

Nous fabriquons du mensonge de la même manière que notre corps fabrique de la peau. C'est un mécanisme psychique humain. Un tissu de mensonges nous enveloppe, nous protège et déforme la réalité. Comme la peau, nos mensonges vieillissent et se renouvellent. Semblables à une mue, les anciens mensonges tombent sous l'effet du temps qui passe, des recherches historiques, des avancées de la science et des technologies modernes. Ces avancées produisent de nouvelles falsifications qui se développent avec une rapidité inattendue. Mais, si nous sommes entrés, avec Internet, dans l'ère numérique des fausses nouvelles, rien ne change vraiment. Les problèmes liés aux mensonges sont les mêmes depuis que les hommes parlent et vivent en société. Il y a une loi qui ne varie ni avec le temps ni avec les cultures : les puissants sont ceux qui entendent leurs mensonges énoncés par les autres, les faibles sont ceux qui répètent des mensonges qui ne sont pas les leurs.

À côté du mensonge, cet objet qu'on lui oppose et qui s'appelle la vérité est saturé d'imperfections. La vérité n'existe pas en soi. Elle est déclarative. Elle n'existe que sous la forme d'un énoncé. En cela elle est faite comme le mensonge. La vérité est versatile et éphémère. Elle est provisoire et déformée au point qu'en permanence on peut en douter. On peut réduire la vérité à une croyance dont la seule utilité serait de permettre de dénoncer le mensonge de quelqu'un d'autre. Tout est brouillé. Les partisans d'une vérité peuvent mentir pour convaincre de leur vérité et les menteurs peuvent énoncer des vérités pour camoufler leurs mensonges.

La quête de la vérité est une entreprise sans fin et la persévérance dans le mensonge peut être tout aussi épuisante. Dans l'effort de distinguer le vrai du faux, nous perdons toujours quelque chose. Nul n'en sort renforcé, et plus on va dans les extrêmes du mensonge ou de la vérité, plus les dégâts sont importants. Devant le problème posé par la vérité et le mensonge, la posture la plus sûre serait le scepticisme. Mais il y a là aussi un risque. L'excès de scepticisme, la suspicion, est une posture stérile et dangereuse. Les purges révolutionnaires comme celles qui se sont produites en France, en Russie ou au Cambodge ont été des courses folles pour faire advenir une vérité qui n'existait pas et dont la quête aveugle a entraîné des millions de morts. Alors il faut être entre les deux, et accepter les mensonges pour ce qu'ils sont : des travestissements qui voilent la vérité et laissent deviner la part falsifiée de la réalité.

L'effet fauvette est le résultat de différents facteurs conjugués : l'ignorance, la naïveté, la crainte et la paresse. C'est dire s'il est partout, dans le dogmatisme des sciences, dans les croyances religieuses, dans les idéologies politiques. Il est dans chaque foyer et personne ne peut affirmer si, dans nos échanges, la situation serait meilleure ou pire sans les mensonges et avec la seule vérité. Les différentes histoires que nous avons parcourues montrent autant de catastrophes dans la quête d'une vérité que dans l'obstination dans un mensonge. Pendant ce temps, le monde continue de tourner. Nul n'est sûr de savoir ce que sera le lendemain. Celui qui se hasarde à formuler une prophétie a toutes les chances de se tromper.

Devant ces constats, il y a plusieurs options. Chacun peut choisir. On peut s'affoler et s'indigner de l'existence de tant de mensonges, partout. C'est une posture épuisante et improductive. Nous sommes tous pris dans l'effet fauvette. L'important est d'en avoir conscience. Si nous devons renoncer à connaître la vérité dans sa totalité, il nous est possible de la chercher et d'en débattre pour faire tomber quelques mensonges.

Pour conclure, on peut retenir deux choses. La première est une béatitude : bienheureux qui n'a ni à mentir ni à clamer une vérité. La seconde est un avertissement : le mensonge n'est pas un problème, sauf quand on refuse de le voir.

Table

PARTIE IV

Les inconvénients de la vérité

DU MÊME AUTEUR
CHEZ ODILE JACOB

Les Pouvoirs de l'esprit sur le corps, 2018.

Cet ouvrage a été composé
en Adobe Garamond Pro
par FACOMPO
à Lisieux (Calvados).

CET OUVRAGE
A ÉTÉ ACHEVÉ D'IMPRIMER
SUR ROTO-PAGE
PAR L'IMPRIMERIE FLOCH À MAYENNE
EN JANVIER 2021

N° d'édition : 7381-5255-X – N° d'impression : 97584
Dépôt légal : février 2021

Imprimé en France